rowohlt
HUNDERT AUGEN

Simon Elson

DER WOLKEN-SAMMLER

Illustrationen von Stefan Vecsey

Rowohlt Hundert Augen

Originalausgabe
Veröffentlicht im Rowohlt Verlag, Hamburg, April 2020

Das Zitat auf dem Umschlag stammt aus:
Bertolt Brecht, «Erinnerung an die Marie A.»,
in: ders., Werke. Große kommentierte Berliner
und Frankfurter Ausgabe, Band 11: Gedichte 1.

Covergestaltung any.way, Barbara Hanke/Cordula Schmidt
Coverabbildung Stefan Vecsey
Satz aus der Quadraat bei Dörlemann Satz, Lemförde
Druck und Bindung CPI books GmbH, Leck, Germany
ISBN 978-3-498-00193-3

Inhalt

· Einleitung ·

Wolkenwissen und Wolkenmythen

Klein sieht der Mann aus, fast winzig, wie er da in der Gegend steht und in den unendlichen Himmel hinaufschaut. Den Kopf in den Nacken gelegt, betrachtet er die verblassenden Sterne, die aufgehende Sonne. Er sieht, wie sich im frühen Licht die ersten Wolken bilden. Sie brauen sich zusammen. Wind kommt auf, es regnet. Abends dann wird es aufklaren. Da ist der Mann schon längst zurück in seinem Haus, das irgendwo in Griechenland steht. Dort schreibt er auf, was er sieht und weiß über Gestirne und Wetter, Winde und Wolken. Seine Schrift trägt den Titel «Meteorologie» – und klingt so: «Wenn eine Wolke bis in die obere Region hinaufgedrängt ist, die kalt ist, weil die von der Erde reflektierten Sonnenstrahlen dort nicht mehr wirken, dann gefriert, dort angelangt, die Feuchtigkeit ... Ferner hat man oftmals Hagelwolken beobachtet, die mit Getöse unmittelbar über die Erde dahinjagten, sodass, wer es hörte und sah, erschrak und etwas noch Unheimlicheres erwartete.»

Der Mann, der in seinem Text eigene Beobachtungen mit naturwissenschaftlichen Reflexionen und überlieferten Mythen verwebt, heißt Aristoteles. Seine wetterkundige Schrift, um das Jahr 340 vor Christus verfasst, wird in einem späteren Zeitalter der Meteorologie ihren Namen leihen. Meteor, so nennt man bis weit in die Aufklärung hinein alle «in der Luft schwebenden» Himmelserscheinungen inklusive der Wolken, und nicht nur, wie heute, feurige Gesteinsbrocken, die manchmal recht knapp an der Erde vorbeirasen. Doch als sich das Wort Meteorologie im 19. Jahrhundert fest etabliert, umfasst es im Wesentlichen nur noch das, was man «Wetterkunde» nennen würde.

Der Blick in den Himmel hat seit vielen Jahrhunderten schon Klärung bringen sollen. Mit seiner Hilfe will man den Kosmos und das Wetter erkennen und darüber hinaus vieles mehr, das Weltgeschehen und menschliche Lebensgeheimnisse. «Dein Geist gleicht einer Mauer, an der wechselnde Wolken vorüberziehen. Du blickst überall umher, hast aber keine Ruhe. Das fliehe!» Ungefähr 1500 Jahre nach Aristoteles verfasst, stammt dieser Satz aus der Feder Hildegard von Bingens, einer deutschen Äbtissin, Heilkundlerin, Komponistin und Dichterin des 12. Jahrhunderts. Sie eröffnet damit einen Brief an Eleonore von England. Hildegard empfiehlt der von den politischen Wirren ihrer Zeit aufgeriebenen Adeligen Gelassenheit. Fest und stark wie ein Gemäuer, nicht wetterwendisch soll sie sein.

Die grauen, weißen, dicken, dünnen, puffigen, kalten, hohen, tiefen Wolken über ihrem Kloster wird Hildegard oft angeschaut haben. Dabei hat sie eine ganz simple Beobachtung gemacht: Wolken sind wechselhaft, sie verändern sich ständig. Und diese eigene Beobachtung, der eigene Blick nach oben, verbindet die Universalgelehrte mit dem ganz anders tickenden Aristoteles – und hoffentlich auch mit jedem Leser dieses Buches.

Es gibt viele gute Gründe für den Blick zum Himmel. Dennoch hat man in die Höhe Schauende auch immer wieder verspottet und gemaßregelt, weil sie den Kopf in den Wolken tragen, anstatt am Boden der Realität zu bleiben. Heinrich Hoffmanns Lehrgedicht vom Hanns Guck-in-die-Luft aus dem *Struwwelpeter* von 1844 hat Jahrhunderte später eine derartige Moral festgeklopft.

Wenn der Hanns zur Schule ging,
Stets sein Blick am Himmel hing.
Nach den Dächern, Wolken, Schwalben
Schaut er aufwärts allenthalben:
Vor die eignen Füße dicht,
Ja, da sah der Bursche nicht.

So lässt Hoffmann seinen Hanns ins Wasser fallen, wo er die Schulmappe verliert und von den Fischen verlacht wird.

Hämische Fische und Biedermeierpädagogen in allen Ehren, aber das stellt sich heute doch anders dar. Wer würde sich kein Kind wünschen, das wenigstens ab und zu nach Wolken und Schwalben schaut? Zwischen Mensch und Erdboden hat sich ja längst das zeitfressende Handy geschoben. Dabei kann nur derjenige in den Himmel blicken, der Bildschirme links liegen lässt, für einen Moment zumindest. Aus dem unaufmerksamen Hanns ist also der achtsame Wolkengucker geworden, der einer Naturwelt nachspürt, die in unseren Zeiten unbeachtet zu bleiben droht. Während sich alle Welt mit der digitalen *cloud* herumschlägt, soll dieses Buch dabei helfen, einen Schritt zurückzutreten. Jetzt bitte Handy aus, durchatmen und entspannt nach oben schauen.

Was genau sieht man da oben? Götter oder geliebte Gesichter, Cumulus oder ungeliebte Stratus, Regenanzeichen oder Schönwetterboten? Ist es nicht kurios, dass wir die wissenschaftliche Bezeichnung der Haufenwolke Cumulus kennen, hingegen kaum jemand weiß, dass Eiche auf Lateinisch Quercus heißt? Man hat, was Wolken betrifft, schon einen quasi-wissenschaftlichen Zugang. Gleichzeitig dürfte jeder Mensch zumindest einmal in seinem Leben mit einem Freund oder Geliebten hinaufgeschaut und wunderbar flirrende Freude empfunden haben, ohne recht zu wissen, warum. Der Empfindung sind Begriffe oft nur Schall und Rauch. Doch dass eine Wolke ein Gesicht hat, eine an etwas anderes erinnernde Form, nehmen wir gerne so hin. Die Wolke bietet sich dem Träumenden regelrecht als Material an, weil sie sich stets verändert – und weil man sie niemals berühren kann. Wer Wolken beobachtet, ist nicht nur Hobby-Wissenschaftler. Er ist ein Sehnsüchtiger, ein Romantiker. Daher wird dem angehenden Wolkenträumer oder -forscher in diesem Buch nicht nur genügend Platz gelassen, eigene Beobachtungen schriftlich festzuhalten. Auch Empfindungen oder in Wolkenformen Hineingelesenes dürfen notiert und skizziert werden, sozusagen die innere und äußere Wetterstimmung.

Goethe hat oft in den Himmel hineingeträumt, vor allem als junger Mann: «So wie mich sonst die Wolken schon reizten, mit ihnen fort in fremde Länder zu ziehen, wenn sie hoch über meinem Haupte wegzogen, so steh ich jetzt oft in Gefahr, daß sie mich von einer Felsenspitze mitnehmen, wenn sie an mir vorbeiziehen. Welche Begierde fühl ich, mich in den unendlichen Luftraum zu stürzen», schreibt er in seinen Briefen aus der Schweiz.

Dieses Gefühl kann wohl heute noch jeder nachvollziehen. Und die Marke Nike zapft die Sehnsucht, auf luftigen Wolken zu wandeln, schon seit Jahrzehnten mit den berühmten Air-Sohlen an. Neuerdings bewirbt ein anderer Turnschuhproduzent seine supersoften Sneaker gleich mit dem Slogan «Walking on clouds». Schöne Idee, geht aber leider nicht. Man kann Wolken nicht berühren, nicht mitnehmen und sammeln wie Insekten oder Baumblätter. Man kann sie nur beschreiben. Und in Erinnerung behalten. Und vergessen. Und von neuem betrachten. Dazu bietet sich eine Fahrt in die Natur an, am besten nimmt man einen erhöhten Standpunkt ein. Doch letztlich kann man fast überall zum Wolkensammler werden, man braucht nur ein bisschen Weite, ein oder zwei Blickachsen in die Ferne. Die ergeben sich aus dem Bahn-, Auto- und Flugzeugfenster, von Brücken über städtische

Kanäle, über Autobahnen, Bergpanoramen oder die Dächer der Stadt.

Ist man an einem weitsichtigen Ort angekommen, wahlweise auch nur am Wohnungsfenster, kann man jetzt gerne zum Bestimmungsteil blättern – siehe S. 81 – und überprüfen, welche Wolken man gerade über sich hat. Oder man liest einfach weiter und erfährt ein paar schöne Geschichten. Es dürfte nicht jedem bekannt sein, dass der Schriftsteller Heinrich von Kleist den bewölkten Himmel als eine Art Kino benutzt und der Naturforscher Plinius 2000 Texte gelesen hat, um Wetter und Wolken zu verstehen. Oder dass der Dichter Rainer Maria Rilke Haufenwolken erfand, die den Mond anfressen ...

Blicke zum Himmel

Wie haben unterschiedliche Menschen zu unterschiedlichen Zeiten Wolken gesehen und gedeutet? Wie haben sie sie beschrieben? Der eingangs erwähnte Aristoteles darf als einer der ersten überlieferten und sehr genauen Wolkenbeobachter gelten. Und Hildegard von Bingen ist mitnichten die eifrigste und auch nicht die letzte Himmelsfreundin. Bei Aristoteles ist besonders bemerkenswert, dass er der Versuchung widerstanden hat, Gesichter und Formen in die Wolken hineinzulesen, sie als Vergleichslieferanten oder als ungreifbaren Dunst himmlischer Mächte zu sehen. Er hat sich bemüht, objektiv zu sein. Was genau passiert da? Das fragt der Gelehrte sich in einem Zeitalter, in dem manch einer seinen Lehrer Platon noch für einen Sohn des Gottes Apollon hält. Aristoteles selbst glaubt übrigens auch an eine gottartige höhere Instanz, von der die Bewegung des Universums ausgeht. Doch für den Philosophen ist das empirisch Erkennbare, etwa die Wirkung der Sonne, nicht unmittelbar aus dieser Instanz zu erklären. Für ihn ist es wichtig, genau zu beobachten, was passiert. Während andere von Göttern sprechen, hebt er wieder den Kopf und schaut in den Himmel: «Wenn nun die Sonne in ihrer Bahn kreist (auf diese Weise kommt der Naturprozess, Werden und Vergehen, zustande), dann wird Tag für Tag das leichteste, süßeste Wasser emporgeführt und steigt, in Dampf aufgelöst, hinauf zur obersten Region; dort verdichtet es sich wieder infolge der Abkühlung und kehrt zur Erde zurück. So pflegt es die Natur immerfort zu machen ...»

Aristoteles erkennt die Sonne als lebenstiftende Kraft. Und da die Welt in seinen Augen ohnehin ein fließender Prozess ist, gelingt es ihm dabei, einen ganz grundlegenden Naturkreislauf in Grundzügen zu beschreiben: das Aufsteigen warmer feuchter Luft, das etwa das Entstehen der Cumuluswolke bewirkt (S. 81). Man nennt das auch Wasserkreislauf, und Aristoteles hat diesen Kreislauf vor mehr als 2000 Jahren ganz ohne Messinstrumente erkannt. Zudem haben wir im Eingangszitat gesehen, wie er davon ausgegangen ist, dass die hohen Wolken aus Eiskristallen bestehen. Auch das ist seit langem Common Sense, gilt auch heute noch als absolut richtig. Dass es eine Wolke gäbe, die «Getöse» verursacht, wie Aristoteles berichtet, stimmt hingegen nur im übertragenen Sinne. Der Donner scheint zwar wie aus den Wolken zu kommen, entsteht aber aufgrund der extremen Erhitzung in einem Blitzkanal (S. 142). Zudem meint Aristoteles mit dem Getöse wohl eher Windgeräusche, ein Sausen und Pfeifen, wie es entsteht, wenn sich Windströmungen durch ein Hindernis verwirbeln. Das wird auch nicht durch Wolken verursacht.

Die Wolkentypen, die Aristoteles um 400 vor, Hildegard von Bingen um 1200 nach Christus gesehen haben und die auch wir heute noch beobachten können, sind an sich dieselben geblieben. Nur versteht sie jeder ein wenig anders. So folgt auf Aristoteles ein ganz anderer Beobachtertyp. Sein Name ist Plinius, er ist ein römischer Naturforscher, der um 50 nach Christus einfach alles wissen will. Dafür schaut er hin und wieder in den Himmel, vor allem aber liest er Texte. Lebte er heute, würde er vermutlich das Internet lieben. Plinius studiert die Schriften griechisch-antiker Autoren, er wühlt sich durch zahllose Texte, um alles über die Natur zu erfahren. Was die Entstehung der Wolken angeht, ist er sich dann ziemlich sicher: «Die Erde haucht einen feuchten, sonst aber durch Einflüsse der Hitze rauchigen Dunst aus. Auch die Wolken erzeugen sich aus der in die Höhe gestiegenen Feuchtigkeit oder aus den zu Feuchtigkeit verdichteten Dünsten.»

Plinius' in 37 Bänden abgehandelte *Naturgeschichte* ist heute überholt. Dennoch stellt sie eine Sonderleistung menschlicher Wissensvermittlung dar. Und dass von der Erde aufsteigende Feuchtigkeit Wolken erzeugt, ist ja, wie gesagt, gar nicht verkehrt. Nur ist bei Plinius sehr die Frage, ob er das selbst geschlussfolgert oder doch eher bei einem Autor wie Aristoteles abgeschrieben hat ...

Bevor das sich wissenschaftlich nennende Zeitalter anbricht, ist der Mythos immer ganz offen Teil der Wolkenbetrachtung und -schilderung. Da kommt viel Erhellendes, Berührendes und Amüsantes zusammen. Hindus und Buddhisten haben Wolken früher als Geister von Elefantengöttern betrachtet. Ein Beiname des regenbringenden Hindugottes Airavata ist denn auch «Elefant der Wolken», seine Frau heißt Abhramu, «Wolkenbinderin». Eine alte indische Sage erzählt von des Gottes Hanumans Flug über den Ozean, er schwingt sich auf «wie eine Wolke mit leuchtenden Rändern ... Bald jagt der Wind ihn wie wilde Meereswellen, bald trägt das Mondlicht ihn wie eine sanfte Woge ... So durchschwimmt er den wasserlosen Ozean, zerteilt er die flutenden Wolken, die weiß, rosig, blau, purpurn, gelb und rot ihn umzucken. So stürzt er sich in die Nebelmassen und durchdringt sie, bald sichtbar, bald unsichtbar wie der Mond ... Einer Wolke gleich erscheint er über dem Berge Mahendra. Sein Schrei hallt wider an den zehn Punkten des Alls. Wie der Donner, der aus der Wolke sich abrollt, rauscht er zur Erde.» Nicht schlecht, was dieser

Hanuman da um 500 vor Christus so alles ohne Flugzeug anstellt.

In den ariden Regionen Zentralmexikos, wo Regenwolken oft Mangelware sind, feiert man, eine Mischung aus lokalem Kult und Christentum, seit langer Zeit den Heiligen Michael nicht so sehr als Bezwinger Satans, sondern als Regenheiligen. Man bettet sein Konterfei auf bauschige Watte oder hüllt es in Weihrauchwolken. Zudem hat sich dort auch der Brauch entwickelt, symbolische Rauchwolken per Feuerwerk am Himmel oder in Bodennähe zu erzeugen, die echte Wolken anlocken sollen. In China hat man die vorbeiziehende Wolke schon seit – in unserer Zeitrechnung ausgedrückt – einigen Jahrhunderten vor Christus als Metapher des Träumens und Denkens verwendet. In den *Elegien aus Chu* heißt es zu den «fuyun» genannten Wolken: «Ich gedachte meine Worte den ‹dahintreibenden Wolken› … als Träger anzuvertrauen; / doch als ich dem Gott des Regens und der Wolken begegnete, wollte er sie nicht entgegennehmen.»

Bis heute taucht die Wolke in unserer Sprache auf, wenn Überraschendes oder Ekstatisches geschieht. Aus allen Wolken fallen, das sagt man, wenn man unsanft auf dem Boden der Realität landet. Im siebten Himmel sein, auf Wolke sieben schweben – auf «cloud nine», wie es bei den Amerikanern heißt – beschreibt Verliebtheitsgefühle oder den Wunsch, dem unerträglichen Erdenleben zu entkommen. Das haben die Temptations 1969 ein für alle Mal in Worte gefasst:

Cloud nine, it's a world of love and harmony
Cloud nine, you're a million miles from reality
Cloud nine, you can be what you wanna be
Cloud nine you ain't got no responsibility
Cloud nine, and every man in this world is free

Übrigens wird die Idee von sieben Himmeln bereits bei Aristoteles vorbereitet. Und man findet sie in frühen jüdischen Schriften, in denen der siebte als der oberste Himmel beschrieben wird.

In der nordischen Mythologie lässt Frigg, die Frau des Gottes Odin und Mutter des Donnergottes Thor, von ihrem Spinnrad die feinen Fäden der Cirruswolken über den Himmel laufen. Der britische Künstler John Charles Dollman hat das in dem nordischen Sagenbuch *Myths of the Norsemen* 1908 sehr hübsch illustriert. Die Cumuluswolken, folgt man den germanischen Erzählungen der *Edda*, sind weniger hübsch. Sie bestehen nämlich aus Gehirnüberresten des Urriesen Ymir, dessen gigantischen Leib die ersten Götter für die Schöpfung ausgeschlachtet haben – so grausam und sonderbar kann Wolkenwissen sein! Der Philosoph Søren Kierkegaard stößt sich freilich nicht an der Grausamkeit. Er findet das Mitte des 19. Jahrhunderts einfach nur treffend: «Der nordischen Mythologie zufolge wurden die Wolken bekanntlich gebildet aus des Riesen Hirn. Und wahrlich, es gibt kein besser Sinnbild für die Wolken denn Gedanken und kein bess'res für Gedanken denn Wolken – Wolken sind ja Hirngespinste, was sind sie anderes?»

Die Vermessung der Wolken

Ähnliche Wolkengeschichten aus uralten Zeiten lassen sich viele erzählen. Aber nicht jeder reagiert darauf so freundlich wie Kierkegaard. Der Vordenker der Aufklärung René Descartes hat solche und andere luftig bildliche Ansichten mehr als 200 Jahre vor Kierkegaard mit herablassender Ironie bedacht. Descartes' wetterkundliche Schrift *Die Meteore* aus dem Jahr 1637 beginnt mit einer Wolkenbeschreibungs-Ironisierung, die sich gewaschen hat: «Wir bewundern natürlicherweise mehr diejenigen Dinge, die sich über uns befinden, als solche, die auf unserer Höhe oder unter uns liegen. Die Wolken jedoch übersteigen sehr selten die Gipfel mancher Berge, und oft sehen wir sogar welche unterhalb unserer Kirchturmspitzen; trotzdem stellen wir sie uns, weil wir unsere Augen gen Himmel richten müssen, um sie zu betrachten, so hoch vor, daß Dichter und Maler aus ihnen sogar den Thron Gottes formten, und Ihn dort malten, wie er eigenhändig die Pforten der Winde öffnet und schließt, den Tau auf die Blumen streut, und den Blitz auf die Felsen schleudert.»

Descartes macht sich darüber lustig und fährt fort, er hoffe, dass seine wissenschaftliche Beschreibung «die Ursachen all der wunderbarsten Dinge», die man auf der Welt beachten könnte, doch einmal anders klärt. Im betreffenden Abschnitt beschreibt er dann unter anderem das, was man später Cirrus-Wolken nennen wird: «Darüber hinaus muß man beachten, daß die höchsten dieser Wolken sich so gut wie niemals aus Wassertropfen zusammensetzen, sondern ausschließlich aus Eisstückchen ... Und je höher diese Dünste steigen, um so mehr treffen sie auf eine Kälte, durch die sie gefrieren ... Daher kommt es, daß sich normalerweise die obersten Stockwerke der Wolken ausschließlich aus jenen überaus feinen, weit voneinander entfernt in der Luft verteilten Eisfädchen formieren.»

Descartes beschreibt wunderbar den Wolkenzauber, den vor allem Maler oft abgebildet haben (mehr davon S. 30 und 47) – und seine Cirruswolke ist ziemlich gut erfasst, ganz ähnlich beschreibt man sie noch heute. Denn sein Weltbild ist ja unserem schon recht ähnlich: Er geht davon aus, dass die Welt und all ihre Elemente nicht direkt göttlichem Handeln folgen, sondern aus feinen Teilchen und feiner Materie bestehen, die miteinander reagieren. Diese Grundidee ist nicht wirklich falsch, wenn auch in der durch ihn ausgearbeiteten Form schon lange nicht mehr haltbar. Doch bewirkt das unter anderem auch von Descartes vorbereitete wissenschaftliche Zeitalter um 1800 einen großen Einschnitt in der Geschichte der Wolkenschau, der wohl der größte Einschnitt überhaupt ist. Ein englischer Apotheker namens Luke Howard tritt nämlich noch einmal ganz anders, als zergliedernder Forscher, an die flüchtigen Himmelsgebilde heran.

Howard ist sich ziemlich sicher, dass kein Feuer aus den Sternen in die Wolken fällt und so Blitze erzeugt – dies will Plinius tatsächlich bei klarem Himmel selbst beobachtet haben. Wahrscheinlich hat der Römer da schlicht eine Sternschnuppe gesehen. Howard jedenfalls hat von großen Philosophen wie Descartes oder Isaac Newton profitiert, die das wissenschaftliche Beobachten vormachen, viele Mythen widerlegen – und auch zumindest eine neue in die Welt setzen: dass nämlich *alles* erklär- und beschreibbar sei.

Howard jedenfalls gelingt es, genauer oder doch zumindest anders hinaufzuschauen als alle Vorgänger. Auf seiner Schrift *On the Modifications of Clouds* aus dem Jahre 1803 fußend, die die wichtigsten, immer wiederkehrenden Wolkenformen der Cumulus, Stratus, Cirrus und auch die heute in dieser Art nicht mehr angewandte Regenwolken-Bezeichnung Nimbus vorstellt, hat man schrittweise die physikalischen und meteorologischen Umstände geklärt, die zu Wolkenbildung führen. Die Vermessung der Welt, die im 17. Jahrhundert verstärkt einsetzt, wird auch zur Vermessung von Wolke und Himmel – in die man um 1800 dann auch erstmals dank heißluftbetriebener Ballone wetterforschend hineinfliegen kann. Mit den sechs im 17. Jahrhundert erfundenen und dann perfektionierten Apparaten Teleskop, Mikroskop, Pendeluhr, Luftpumpe, Barometer und Thermometer hat sich der Zugang zur Natur stark verwissenschaftlicht. Mit dem Cyanometer, um 1800 bereits im Einsatz, misst man die Intensität des Himmelblaus und kann so Erkenntnisse über die Atmosphäre gewinnen: Je blauer der Himmel, desto weniger Wasser ist in der Luft. Solche Informationen sind natürlich auch für die Wolkenbildung interessant.

Um 1800 setzt sich darüber hinaus die Idee fest, dass der Natur ein inneres, nicht unbedingt göttliches Gesetz innewohnt, das Veränderung heißt. Oder auch Wachstum. Goethe, der sich damals auf die Suche nach der Urpflanze gemacht hat, findet ja am Ende keinen festen Urtypen, sondern ein Urprinzip. Und zwar die Metamorphose, die Überform stetigen Wachstums, die allen Pflanzen gemein ist: Zusammenziehen, Ausdehnen, Blühen und so weiter.

Wolken verkörperten dieses immanente Werden und Vergehen der Natur so stark, dass man sie, obwohl Bäume, Tiere und Pflanzen schon längst durch die naturwissenschaftliche Systematik des Carl von Linné erfasst worden waren, als unklassifizierbar ansah. Man konnte sie einfach nicht greifen, nicht in das gängige System lateinischer Bezeichnungen für Gattung, Art und Unterart hineinpressen.

Aber dann kommt Howard, den Goethe übrigens tief bewundert und wortreich gefeiert hat. Tatsächlich, obgleich schon Geister wie Aristoteles, Plinius, Descartes oder eben Goethe selbst der Wolke auf der Spur gewesen sind, gibt es vor Howard keine Bezeichnungen, keine Namen für einzelne Wolkenformen. Auch der forschende Künstler Leonardo da Vinci, der so viele Phänomene durchschaut, hat vor den Wolken kapituliert, vergleicht sie mit zufälligen Formen, die auch ein Fleck an der Wand ergeben würde. Sie können den Maler zwar inspirieren, doch Namen und Klassen findet er für die Zufallsgebilde nicht. Dass das auch so bleibt, dass man keine Namen für einzelne Formen findet, ist fast so, als hätte man bis ins 19. Jahrhundert hinein zu allen Vögeln immer nur Vogel gesagt und nur Baum statt Eiche oder Ahorn, nur Berg statt Hügel, Gebirge, Alpen, Matterhorn.

Howard, der Londoner Apotheker, ist übrigens nur Hobby-Himmelswissenschaftler. Das ist damals vollkommen normal, denn viele Erkenntnisse dieser Epoche, in der sich wissenschaftliche Methoden erst herausbilden, werden von schlauen Laien und arbeitsamen Dilettanten geliefert. Ein Apotheker verkauft ja damals auch nicht einfach anderswo produzierte Medikamente, sondern stellt sie selbst her, ist also in jedem Fall ein hochgebildeter Chemiker mit zumeist großer Allgemeinbildung. Nicht von ungefähr stellt Howard seine Beschreibung der Wolkenmodifikationen also auf physikalische Prinzipien. Für Zufall ist da gar nicht mehr viel Raum. So unterscheidet sich zwar jeder der von ihm definierten Wolkentypen von den anderen, aber oft basieren sie auf ähnlichen Grundsätzen, etwa auf denen von Verdunstung und Kondensation. Solche Begrifflichkeiten werden seinerzeit übrigens nicht unbedingt als ernsthaftes Wissen betrachtet, eher erscheinen sie vielen als neumodische Spinnerei. Denn Howards System fußt unter anderem auf der Annahme, dass Wolken aus echten Wassertropfen und Eispartikeln bestehen. Das klingt für uns selbstverständlich, aber damals war es das nicht. Selbst gebildete Menschen neigen zu Howards Zeiten der sogenannten Bläschentheorie zu. Dieser Theorie nach transformieren sich Wassertröpfchen durch Sonneneinstrahlung zu hohlen Kügelchen, die mit einer Art leichteren Luft gefüllt nach oben steigen und eben die Wolken bilden.

Eigentlich schade, dass das falsch ist, es erklärt doch so hübsch anschaulich, warum Wasser plötzlich in der Luft schweben kann. Howards Beschreibung setzt sich am Ende jedoch durch, und sie gilt mit etlichen Verfeinerungen bis heute. Er trägt dazu bei, dass sich nicht nur die Beobachtung der Wolken, sondern auch die Meteorologie im 19. Jahrhundert etabliert und zu einer modernen progressiven Wissenschaft wird.

Cumulus, Stratus, Cirrus

Seit Howard kann jeder Sehende, richtet er nur den Blick zum Himmel, ein wenig selbst zum Forscher werden und die wandelbaren, dem Wissenden jedoch gar nicht so chaotisch erscheinenden Formen bestimmen und benennen. Dabei wird er auch etwas über Physik und Meteorologie erfahren. Nicht jeder aber ergreift diese Gelegenheit, bis heute gibt es arge Wissenslücken. Als der Drogengauner Todd in *El Camino* (2019), dem Fortsetzungsfilm zur Erfolgsserie *Breaking Bad*, in den regenarmen Himmel New Mexicos stiert und eine im Radio gehörte Regenwahrscheinlichkeits-Vorhersage von 60 Prozent selbst überprüfen will, scheitert er kläglich: «So far, I see clouds, but I wouldn't call them rain clouds, just regular cloud-clouds. Anyway, that's what they look like to me.»

Cloud-Clouds?! Das wird keinem halbwegs wachen Leser dieses Buches je unterlaufen. Zumindest das Basiswissen ist nicht allzu schwer zu erinnern: Cumulus – haufenförmig; Stratus – schichtförmig; Cirrus – lockig, fransig: Das sind die drei großen, vier Familien und zehn Gattungen bildenden Hauptformen, die sich im Sog der aufklärerischen Klassifizierung herauskristallisiert haben. Denn Linnés durchschlagender Systematik folgend, werden Wolken vom Beginn des 19. Jahrhunderts an schrittweise in Familien, Gattungen, Arten, Unterarten und Sonderformen eingeteilt. Diese Gliederung haben sich die Gelehrten übrigens nicht (nur) ausgedacht, um Normalsterbliche abzuschrecken. Schaut man sie sich in Ruhe an, trägt sie sogar zum Verständnis bei. Die vier Familien, die niedrigen, mittleren, hohen und stockwerkübergreifenden Wolken, bezeichnen die Position am Himmel in den Stockwerken der Troposphäre, der für Wettervorgänge wichtigen Luftschicht, die von der Erde aus bis hin zu etwa 18 Kilometern in die Höhe reicht. Die zehn Gattungen – also zehn Varianten von Cumulus, Stratus und Cirrus – sind innerhalb dieser Stockwerke angesiedelt, und ihre Namen beschreiben vor allem auch ihr Aussehen. Die niedrig stehenden Cumulus-Wolken etwa sind haufenförmige Ballen – Cumulus bedeutet zu Deutsch Haufen. Sie entstehen durch kondensierende warm-feuchte Luft, die vom Boden in kühlere Schichten

aufsteigt. Hingegen besteht die hochschwebende Cirrus – Federbüschel, Franse, Locke – aus Eiskristallen. Eine genauere Bestimmung von Lage, Entstehung und Beschaffenheit der Phänomene am Himmel wird zusätzlich durch vierzehn Arten, neun Unterarten sowie Sonderformen ermöglicht.

Muss man sich das jetzt alles merken? Nein. Grundlegende Entstehungsmöglichkeiten von Wolken, die Wolkenphysik, werden hier in der Einleitung (von S. 73 an) noch einmal ganz grob zusammengefasst und im Bestimmungsteil bei jedem Typ in Ruhe erklärt. Einen kurzen Überblick kann man sich auch mit der Grafik (Seite 78 f.) dieses Buches verschaffen, auf der die zehn Gattungen in ihrem jeweiligen Stockwerk platziert sind. Auf der vorhergehenden Seite ist zu sehen, wie so eine erste Überblicksidee in Howards Essay von 1803 illustriert worden ist.

Nicht immer kann man den Wolken in der Natur so mühelos und geordnet folgen wie in diesem Buch. Kaum ein Phänomen ändert sich so schnell und doch sichtbar wie der Himmel: Schönwetter- werden zu Gewitterwolken, Gewitterwolken verpuffen ohne Effekt, Sonnenuntergangslicht taucht das Ganze in drastische Farben, ein kurzes Finis, und dann beginnt alles von vorn! Das ist fast so, als könne man der von Charles Darwin proklamierten Evolution leibhaftig *zuschauen*. Nicht umsonst hat Goethe in seinem Ehrenlied für Howard die Himmelsgebilde mit der Wortneuschöpfung des «Übergänglichen» bedacht. Wolken vergehen nicht, weil sie nie wirklich existieren. Sie gehen permanent in einen neuen Zustand über. Das ist übrigens typisch für den Planeten Erde.

Die Venus ist ständig bewölkt, und auf dem Mars – das aktuelle Ziel versuchsweiser Weltraumbesiedelung – gibt es fast nur cirrusartige Wolken, die Eiswolken in höchster Höhe. Wobei Forscher dort just eine Tausende von Kilometern lange Wasserdampfwolke entdeckt haben, die jedes Jahr zu selben Zeit in tieferen Lagen auftaucht und deren Entstehung bislang ungeklärt ist. Doch hofft man, sie möge eines Tages Erkenntnisse über das lokale Klima des roten Planeten bringen. Und das ist genau der Punkt: Vielfältige Himmelsbilder anschauen und dabei etwas lernen zu können, ist den Menschen auf ihrem blauen Planeten vorbehalten. Das Wolkenbetrachten führt zur urwüchsigsten Natur, und gleichzeitig bringt es einen an den historischen Punkt, an dem man angefangen hat, sie zu entschlüsseln. Dabei sind die Namen Cumulus, Stratus, Cirrus selbst schon poetisch – die Gehäuften, die Hingebreiteten, die Gelockten. Sie sollen hier, auch wenn der Duden eine eingedeutschte Schreibweise empfiehlt, in der lateinischen Form beibehalten werden. Schließlich lauten die Abkürzungen des Internationalen Wolkenatlas Cu und Ci, nicht Ku und Zi.

Der erste Internationale Atlas

Apropos Atlas. Es dauert bis zum Ende des 19. Jahrhunderts, bis der erste *Internationale Wolken-Atlas* (1890) erscheint. Programmatisch in vier Sprachen verfasst, soll er eine globale Einigung über die Wolkenformen erreichen, die bis dahin nicht besteht. Zwar hat man allerorts Howards Begriffe verwendet, jedoch oft falsch oder missverständlich. Zudem erhalten sich im Volksmund viele anderen Bezeichnungen, variieren von Sprache zu Sprache. Ein Beispiel ist die «Schäfchenwolke»: In Frankreich spricht man vom «Ciel moutonné», vom Schäfchenhimmel, in Spanien hingegen vom «Cielo empedrado», dem himmlischen Kopfsteinpflaster. Die Engländer schütteln da nur den Kopf, dort weiß jedes Kind, dass es sich bei dem Bezeichneten um einen «mackerel sky», um einen Makrelen-Himmel handelt. Schließlich erinnert das wolkige Muster doch an Fischschuppen.

Was eigentlich ziemlich schön klingt, dieser Variantenreichtum in den Sprachen, ärgert die Wissenschaft, weil sie Klarheit und Normierung sucht. Auch was Wolken angeht, will man endlich eine gültige Definition in Wort und Bild vorlegen. An dem Atlas arbeiten viele internationale Experten gemeinsam, besonders an den Abbildungen, damit sie eine Art unverkennbaren Idealtypus darstellen. So fällt der Wolken-Globalisierung um 1900 bald auch Howards Nimbus-Regenwolke zum Opfer. Regen, das hat man erkannt, fällt nicht nur aus einer Wolkenart, vielmehr können verschiedene Typen praecipitatio sein, was sich ganz frei mit «niederschlagswillig» übersetzen ließe.

1910 kommt ein zweiter Atlas heraus, der noch weitere Zwischenformen definiert, unter anderem die Lenticularis-Art (S. 93). Seitdem haben sich die Begriffe immer wieder gefestigt und verändert, 2017 ist die jüngste Ausgabe erschienen. Zwar hat man seit Jahrzehnten keine neue Wolkenart mehr entdeckt, dennoch ist die frische Ausgabe überfällig gewesen. Denn längst dominieren menschengemachte Wolken die Himmelsbilder, etwa Ausdünstungen von Kühltürmen oder Kondensstreifen. Auch für diese Menschenwolken gibt es nun klassifizierende Begriffe (S. 147).

Romantische Verzauberung

Im berühmten *Narzissen*-Gedicht des Romantikers William Wordsworth verwandelt sich das lyrische Ich um 1802 sozusagen in eine Wolke:

Wie einsam über Berg und Tal
Die Wolke in der Höhe streicht,
Ging ich – und sah mit einemmal
Ein Heer von Goldnarzissen leicht
Sich wiegen, flattern im Geweh
Unter den Bäumen und am See.

Hier ist die Wolke mit Einsamkeit gleichgesetzt, eine Einsamkeit, aus der heraus die Blumenschönheit überhaupt erst verzaubert. Die mythische Ausstrahlung der Wolke bleibt also bestehen, auch nachdem um 1800 die Verwissenschaftlichung in vollem Maße einsetzt. Zeitgleich mit Howards Schematisierung beginnt die Romantisierung des Himmels.

Vom Taue glänzt der Rasen; beweglicher
Eilt schon die wache Quelle; die Buche neigt
Ihr schwankendes Haupt, und im Geblätter
Rauscht es und schimmert; und um die grauen
Gewölke streifen rötliche Flammen dort,
Verkündende, sie wallen geräuschlos auf;

Wie Fluten am Gestade wogen
Höher und höher, die wandelbaren.

So dichtet Friedrich Hölderlin 1799 in *Des Morgens* – und hat auch gleich eine wolkenfrohe *Abendphantasie* zur Hand:

Am Abendhimmel blühet ein Frühling auf;
Unzählig blühn die Rosen und ruhig scheint
Die goldne Welt; o dorthin nimmt mich,
Purpurne Wolken!

Spricht man hierzulande von Romantisierung, muss freilich Caspar David Friedrich, Lieblingsmaler der Deutschen, einen besonderen Platz einnehmen. Warum? Weil er Goethe eine Bitte abschlug, und dabei ging es um Wolken.

Ja, wie? Der deutsche Lieblingsmaler sagt dem Lieblingsdichter ab? Goethe, selbst ein ziemlich anständiger Wolkenzeichner, hat Friedrich gebeten, ihm akkurat beobachtete, sozusagen wissenschaftlich exakte Wolkendarstellung zu liefern, die auf Howards neuen Typen basiert. Zu Recht fragt der Dichter bei Friedrich an, denn der kann ein ziemlich genauer Himmelsbeobachter sein, was nicht nur die Studie auf S. 31 zeigt.

In der Natur schaut Friedrich präzise hin – vor allem, wenn sie sich selbst verzaubert, mit knorrigen Bäumen, erhabener Leere und farbig wolkigen Sonnenuntergängen aufwartet. Wie seine Studie zeigt, ist er dabei ebenso stimmungsvoll wie exakt. Denn er übertreibt auf diesem Bild keinesfalls. Die krasse Färbung des Dresdner Himmels um 1820, so vermutet man heute, kam durch Aerosole zustande, Schwebeteilchen, die bei einem Vulkanausbruch in Indonesien massenweise in die Atmosphäre gelangten und im abendlichen Licht Farbspektakel erzeugten.

Genau hinschauen geht in Ordnung, nur will Friedrich die Wolken nicht in ein wissenschaftliches Korsett pressen. Für ihn sind die flüchtigen Gebilde weit mehr als Physik. Sie sind eigenständige Wesen oder Symbole menschlicher Seelenbewegung. Der «Wolkendienst», der «service of the clouds», den der hochgelehrte Künstler John Ruskin im 19. Jahrhundert von der Kunst fordert, wird von vielen Malern nicht streng wissenschaftlich, sondern weiterhin ästhetisch verstanden, so auch von Friedrich. Er kann also Goethes Bitte nicht nachkommen, denn er will «die leichten freien Wolken» kei-

nesfalls «sklavisch» in die neuen Klassifikationen einzwängen, wie eine dritte Partei dem erstaunten Dichter in Weimar zuträgt.

Friedrichs Freund, der Maler Carl Gustav Carus, versteht das nur zu gut. Er hat diese Einstellung einmal ganz grundsätzlich zusammengefasst: «Wie ziehende Wolken im steten Wandel begriffen, so die inneren Zustände des Menschen. Alles, was in seiner Brust widerklingt, ein Erhellen und Verfinstern, ein Entwickeln und Auflösen, ein Bilden und Zerstören, alles schwebt in den Gebilden der Wolkenregionen vor unseren Sinnen».

Ganz genau, die Romantiker wollen das Unendliche im Endlichen spiegeln und umgekehrt. Dafür kommen ihnen die Wolken gerade recht. Anders gesagt: Der Wolkenbeobachter muss nicht nur Naturgesetze und Vokabeln lernen, sondern darf in der Natur das Wunder der Schöpfung schauen, ohne unmittelbar Gott zu sehen.

Und ewig lockt die Phantasie

Der Unendlichkeitsdrang der Romantiker formt die Wolke zum Symbol des greifbar Ungreifbaren. Doch sind es nicht nur die Autoren des frühen 19. Jahrhunderts, die die Wolke gegen ihre «Versklavung» durch die Ratio schützen wollen. Der Dichter Rainer Maria Rilke verschiebt sie später mit seiner melodischen Lyrik teils sogar in humoristische Gefilde.

Im *Märchen von der Wolke* von 1895 dichtet er den romantisch umwölkten Mond zum Früchtchen um:

Wie eine gelbe Goldmelone
lag groß der Mond im Kraut am Hang.

Ein Wölkchen wollte davon naschen,
und es gelang ihm, ein paar Zoll
des hellen Rundes zu erhaschen,
rasch kaut es sich die Bäckchen voll.

Rilke schreibt dieses Gedicht, als der erste Wolkenatlas, der die endgültige internationale Verwissenschaftlichung der Himmelsgebilde bedeutet, bereits publiziert worden ist. Dass rundbackige Cumulus entstehen und wachsen, weil sie am Mond naschen, klingt trotzdem märchenhaft logisch. Ebenso, dass Rilke eine männliche Wolke anderswo als «Wolkerich» bezeichnet – männliche Wolken, darauf muss man erst einmal kommen.

Über Jahrtausende der Betrachtung und Jahrhunderte der Verwissenschaftlichung haben Dichter, Künstler und selbst Gelehrte dafür gesorgt, dass der Mythos der Wolke weiterhin besteht, ob nun in Spiel oder Ernst. Es wäre demnach falsch und ungerecht, in dieser Einleitung nur das römische Naturgeschichtsgenie Plinius sowie den Vernunft-Vorreiter Aristoteles oder die glaubensstarke Hildegard zu erwähnen und nicht auch Ovid, den Maestro der Mythen. In seinen *Metamorphosen* beschreibt er fast zeitgleich zu Plinius, wie ein Gott die Erde aus dem Chaos erschaffen hat. Und dabei wird er ziemlich konkret:

> *Dort hieß Nebel er auch, dort dunstige Wolken sich lagern*
> *Samt dem Donnergeroll, das menschliche Herzen erschrecke,*
> *Und mit den Blitzen zugleich die Frost herführenden Winde.*

Vor allem aber können Wolken bei Ovid auch getarnte Götter sein, die sich jederzeit auf uns zu stürzen vermögen wie der liebestrunkene Jupiter auf die arme Io. Der Renaissancekünstler Antonio da Correggio hat uns diesen Augenblick im Wortsinne ausgemalt (S. 35).

Apropos, der unsterbliche König Ixion, der eigentlich Hera, Gattin des Zeus, lieben will, kopuliert mit einer von Zeus täuschend in deren Gestalt geschaffenen Wolke (griech. Nephele). Diese Vereinigung erzeugt den Kentauros, halb Mensch, halb Pferd, der daher auch «nubigena» genannt wird: der aus den Wolken Geborene.

Eine deutlich andere Vorstellung hat der barocke Geistliche Friedrich Spee von Langenfeld. In einem Lied besingt er Gottes Schöpfung, findet dabei für die Wolken das grandiose und empirischer Beobachtung entstammende Wort «Lufftge-

wächs». Und so ganz empirisch ist das alles auch nicht gemeint, denn Spees Lied trägt den wirklich barocken Titel *Anders Lobgesang darinn noch ausführlicher alle Geschöpff Gottes ihn zu loben angemahnt werden*. Diesen Titel muss man heute erst mal an der Autokorrektur vorbeischummeln! Jedenfalls hält der Geistliche nicht nur «Lufft» und «Wolcken» dazu an, gefälligst Gott zu loben, sondern alle «Geschöpff».

«So wie eben Wolken am Morgen und Wolken am Abend Verschiedenes sind», schreibt der Schriftsteller Robert Musil im Juni 1908 in einem Brief an eine Freundin und will mit diesem Vergleich illustrieren, wie unterschiedlich Kinder und Erwachsene die Welt manchmal sehen. Man kann seine Worte auch auf die unterschiedlichen Blicke in den Himmel beziehen. Oft gehen sogar assoziative und streng objektive Sichtweisen ineinander über. Selbst Howard, der erste richtige Wolkenwissenschaftler, hat nicht nur physikalisch erfasst und objektiv vermessen, sondern schweift in die Assoziation ab. «Am fernen Horizont sind beeindruckende schneebedeckte Berge zu sehen, dazwischen dunkle Kämme, Seen, Felsen usw.» Der präzise Himmelsvermesser beschreibt hier wohl eine Mischung aus mittelhohen Stratocumulus und tieferen Cumulus. Dabei macht er genau das, was alle liebend gerne tun: Er phantasiert Irdisches an den Himmel. Auch seien Wolken «so verräterische Anzeichen für das Wirken der Ursachen [des Wetters] wie die Miene eines Menschen für seinen geistigen oder körperlichen Zustand».

Howards stiller Konkurrent Jean-Baptiste de Lamarck, der mit seiner Wolkenkunde etwas früher dran, aber nicht so erfolgreich gewesen ist (S. 92), sieht «verschiedene Tiere» oder sogar «kleine Teufel» in ihnen. Die Bibel will sogar den umgekehrten Weg gehen und beschreibt nicht nur, wie Menschen die Wolken sehen, sondern wie himmlische Mächte in ihnen wirksam werden. Laut Moses soll Gott zu Noah gesagt haben: «Meinen Bogen setze ich in die Wolken, und er sei das Zeichen des Bundes zwischen mir und der Erde.» Gottes Regenbogen steht also mit einem Ende in den Wolken und mit dem anderen auf dem Boden. Denn die flüchtigen Wolken, deren Gestalt niemand je berühren kann, gehören doch paradoxerweise zugleich zu den eher greifbaren Himmelslieferungen. Dabei kann man sie beliebig in ihre Einzelteile zerdenken, doch bleiben sie stets mehr als die Summe ihrer Teile. Man wird sie nie einholen, noch nicht einmal, wenn man bei einer Bergwanderung direkt in sie hineinläuft.

Wettergefühle und Wolkenkino

Von Aristoteles' Empirie über Hildegards idealen Mauerwerk-Menschen und Descartes' atomistischen Materialismus zu Howards Klassifikation und zum romantisch zittrigen Innenleben um 1800 – das sind monströs große Schritte. Aber Wolken können solche Zeitsprünge mühelos mitmachen. Sie nehmen fast jeden Inhalt auf, lassen ihn abregnen und atmen ihn dann als Verdunstung wieder ein. Was sind dem Wasserkreislauf schon ein paar tausend Jahre! Ähnliche Riesenschritte macht übrigens auch David Mitchell in seinem Roman *Cloud Atlas* von 2004, in dem er eine menschliche Seele durch die Zeiten pflügen lässt wie eine Wolke, die sich hier manifestiert, dort auflöst und dann in einer neuen Form, in einem neuen Körper wieder entsteht. Die zu ganz unterschiedlichen Zeiten lebenden Protagonisten des *Cloud Atlas* seien allesamt Reinkarnationen einer einzigen Seele, das hat Mitchell in einem Interview verraten.

Doch kann man ruhigen Gewissens noch ein bisschen in Howards Zeit verweilen, im 19. Jahrhundert. Schließlich ist das die große Wolkenepoche, hier werden sie definiert und romantisiert. Kein Wunder, dass Wetterbeschreibungen im Roman dieser Zeit, vor allem in dem der ersten Jahrhunderthälfte, so engagiert und hochspannend sind wie heute etwa die Diskussion von AI und Robotern. Man hat damals gehofft, via Wetter oder Wettermessung viel über den Kosmos und die menschliche Existenz erfahren zu können. In der *Märchen-Novelle* des Romantikers Ludwig Tieck von 1835 heißt es: «Für ein so konfuses Jahr war das Wetter noch ganz leidlich. Die Barometer und Thermometer, diese stammelnden Propheten, waren in beständiger Unruhe: ja, könnte man noch außer Schwere und Wärme all die feinen Gifte, Schauder, fatalen Empfindungen messen und anzeigen, die sich in der Atmosphäre unerzogen herumtreiben, so dürfte man mit etwas mehr Verstand über diesen Wirrwarr unserer Welt ... sprechen».

Jean Pauls Giannozzo, ein Luftschiffer, geht um 1800 sogar noch einen Schritt weiter: Er will regelrecht mit dem Himmel verschmelzen. Während Giannozzo im Heißluftballon dahinfliegt, schaut er hinunter auf die Wolken. Er gehört zu den wenigen Glücklichen, die sie schon damals von oben sehen können. Doch was macht Giannozzo? Er holt nicht das Maßband heraus, sondern lässt seine Vorstellungskraft walten: «Die großen Wolken, die unten aufeinanderfolgten, waren der kalte Atem eines bösen Geistes, der in der Finsternis versteckt lag.» Jean Pauls Geschichte ist zwar 1801 (im Anhang seines *Titan*) noch vor Howards *Modifications* erschienen, dennoch gibt es damals bereits reichlich meteorologische Erkenntnisse. Doch wen kümmert's? Immer noch können und dürfen Wolken auch der Atem eines Geistes sein. Mehr noch, sie haben sogar die Kraft, den Luftschiffer zum Liebesspiel einzuladen: «Ich glitt warm angeweht auf einem unabsehlichen silbernen, aus den zu zartem Schaum geschlagenen Sternen zusammenwallenden Meere weiter – ein Meer, weich und weiß wie

Schneenebel, wie Lichtduft.» Dann taucht der Ballonfahrer ab «unter die lichte Flut der zusammenspringenden Naphtaquellen ... in der weißen busenwarmen Nacht – Ich wusste nicht, welches Land unter mir grüne – Ich wühlte mich noch tiefer in den silbernen Dampf ...»

So wird die göttliche Stimme *aus den* Wolken zur Stimme *der* Wolken – auch wenn Wolkensex à la Jean Paul weiterhin nur ein Kopfding bleibt. Aber das genau sind die Wolken eben jetzt, sie sind mit dem Verstand greifbar geworden. Zwar sind sie das für Aristoteles auch schon gewesen. Doch erst jetzt, im 19. Jahrhundert, wird diese Erfahrung, die vormals Wahnsinnigen, Künstlern, Genies oder Philosophen vorbehalten gewesen ist, immer mehr zur Schulweisheit. Sie wird zur Normalität.

Der Schriftsteller Theodor Fontane hat die beiden Komponenten der Wolke, das Phantastische und das Reale, in seinem Gedicht *Nah und fern* von 1851 wunderbar zusammengeschrieben:

Wenn die Wolken vielgestaltig
Sich am Horizonte dehnen,
Überkommt uns allgewaltig
Ihnen nach ein tiefes Sehnen.

Aber wenn die stolzen Züge
Sich zur Erde niederlassen,

War ihr Zauber – eitle Lüge,
Sind es graue Nebelmassen.

Das ist das Schöne an Wolken: Sie können sehr viel auf einmal sein. Sie transportieren elektrische Energie, tonnenschwere Wassermengen, Schnee und Eis. Und auch religiöse Spannungen. So beschreibt Jeremias Gotthelf 1842 den Himmel in seiner Novelle *Die schwarze Spinne* keinesfalls als wissenschaftlich erfassbaren Raum, sondern macht aus ihm einen Kriegsschauplatz: «Jede Wolke ward zum Kriegsheer und eine Wolke stürmte an die andere, eine Wolke wollte der andern Leben, und eine Wolkenschlacht begann und das Gewitter stund, und Blitz auf Blitz ward entbunden, und Blitz auf Blitz schlug zur Erde nieder ...» Diese Wolkenschlacht symbolisiert den Kampf der Christen gegen den Teufel, der Gotthelfs Novelle bestimmt.

Wolke, das Wort stammt wahrscheinlich von einer indogermanischen Wurzel «u̯elg», was «feucht» oder «nass» bedeutet. Dabei kann es ja so viel mehr, als nur feuchte Regenpotenziale anzeigen! Wolken sind so ausufernd wie die Phantasie selbst. Die oft und eng über dem Kapstädter Tafelberg in Südafrika schwebenden Gebilde nennt man dort liebevoll «table cloth», weil sie aussehen wie ein Tischtuch. Das ist ziemlich brav und ordentlich, stehen Wolken doch allgemein für Ausschweifungen des Geistes. Grimms Wörterbuch weist bei «Wolkenbildung» nicht nur auf die natürlichen Prozesse hin, sondern auch auf eine metaphorische Verwendung des Wortes im Sinne von «Phantasterei». Als Beispiel wird Friedrich Nietzsche mit seiner Polemik *Der Fall Wagner* von 1888 angeführt: «Wagners Genie der Wolkenbildung, sein Greifen, Schweifen und Streifen durch die Lüfte, sein Überall und Nirgendswo.» Der selbst, wie auf berühmten fotografischen Porträts zu sehen, mit eher umwölkter Stirn im Gedächtnis gebliebene Nietzsche hat, so schreibt er 1884 in seinem *Zarathustra*, vom Himmel das wolkenlose Lächeln gelernt: «Wolkenlos hinab lächeln aus lichten Augen und aus meilenweiter Ferne, wenn unter uns Zwang und Zweck und Schuld wie Regen dampfen.»

Die umwölkte Stirn ist im Wortschatz verankert, das wolkenlose Lächeln leider nicht. Doch das ist zu verschmerzen, das Wörterbuch verzeichnet dafür schier unzählbar viele Komposita: Wolkenburg, Wolkenbrunst, Wolkenkuckucksbürger ... Da findet man auch den spätestens seit der Zeit um 1800 virulenten Ausdruck «wolkig» für eine verworrene oder verstiegene Ausdrucksweise. So kritisiert man jemanden, der sich nicht festlegen will, der viele Worte macht und doch nichts zu sagen hat. Das kann man dem Schriftsteller Heinrich von Kleist nicht vorwerfen. Er ist auch dann präzise, wenn es um Wolken und Phantasie geht. Im Spätsommer des Jahres 1800 beschreibt er, wie er mit einem Freund in einer bald ganz finsteren, dann wieder von Mondlicht beschienenen Nacht in den Himmel blickt. Die jungen Männer liegen rücklings auf dem Stroh ihres Wagens und finden auf dieser

Nachtfahrt «Ähnlichkeiten in den Formen des Gewölks, er die seinigen, ich die meinigen». Der Nieselregen, der ihnen aufs Gesicht fällt, stört sie nicht. Vor allem Kleist ist richtiggehend vom Blick in den Himmel gefangen, denn jetzt erblickt er die «geliebte Form» seiner Freundin Wilhelmine von Zenge in den Wolken. Er meldet ihr gleich per Brief, dass er das Vorstellungsbild «tausendmal» geküsst und an die Brust gedrückt habe.

Die Idee, dass sich Kleists Vorstellungsbild und die ferne Freundin mit Hilfe der Wolken berühren, hätte dem Renaissancemaler Piero di Cosimo sicher gefallen. Er hat bereits im

15. Jahrhundert eine ganz ähnliche Synchronisierung abgebildet. Sein Profil der Simonetta Vespucci (S. 42), die damals als eine der schönsten Florentinerinnen gilt, scheint aus den Wolken zu kommen oder in sie einzugehen.

Der Mensch spiegelt sich in der Natur, die Natur spiegelt sich im Menschen. So lässt auch Wilhelm Raabe seine Erzählung *Vom wilden Mann* aus dem Jahre 1874 mit einer deftigen Wetterszene beginnen, in der er diese ständige Spiegelung zugleich ironisiert. Die Protagonisten schimpfen über das Wetter, und Raabes Erzähler fügt hinzu, dass das diesmal in Ordnung gehe, das Wetter sei tatsächlich mies. «Sie machten weit und breit ihre Bemerkungen über das Wetter, und es war wirklich ein Wetter, über das jedermann seine Bemerkungen laut werden lassen durfte, ohne Schaden an seiner Reputation zu leiden. Es war ein dem Anscheine nach dem Menschen außergewöhnlich unfreundlicher Tag gegen das Ende des Oktober, der eben in den Abend oder vielmehr die Nacht überging. Weiter hinauf im Gebirge war schon am Morgen ein gewaltiger Wolkenbruch niedergegangen, und die Vorberge hatten ebenfalls ihr Teil bekommen ... Es regnete stoßweise in die nahende Dunkelheit hinein, und stoßweise durchgellte ein scharfer, beißender Nordwind ... die Lüfte, die Schlöte und die Ohren und ärgerte sich sehr an dem Gebirge, das er, wie es schien, ganz gegen seine Vermutung auf seinem Wege nach Süden gefunden hatte. Er war aber mit der Nase daraufgestoßen oder vielleicht auch daraufgestoßen worden und heulte gleich einem bösen Buben.»

Der Wind ist ein böser Bube, die Empfindungen der Menschen sind wetterfühlig. Noch interessanter ist allerdings das hier verwendete «Wolkenbruch». Dieses Wort bietet eine anschauliche Umschreibung für Regen. Dabei erinnert es daran, dass man sich weiterhin, Wissenschaft hin oder her, nicht gut vorstellen kann, wie das Wasser in der Luft gehalten wird und warum es plötzlich niederfällt. Gibt es nicht doch vielleicht so etwas wie eine Wolkenhülle, die einem Krug gleich zerbricht und so das Nass auf die Erde platschen lässt? Wir wissen nicht, ob Raabe so gedacht hat, doch in dem Wort steckt diese Vorstellung.

Die gellenden Geräusche übrigens, die der Wind am Berg erzeugt, würden bei Aristoteles wahrscheinlich «Getöse» heißen. Wir nennen den ganzen Vorgang Verwirbelung (S. 86, Leewellen).

«Wenn sie sich verziehen, wird es noch ein schöner Tag!»

Raabes Beschreibung ist wunderbar und wettertechnisch up to date. Doch mit der Zeit verlieren die Schilderungen dramatischer Himmel an Attraktivität. Zumindest ermüdet die meteorologische Euphorie, die um 1800 aufflackert und sich in Literatur und Kunst verbreitete. Bei Theodor Fontane Ende des 19. Jahrhunderts scheint sie jedenfalls ziemlich verebbt. Mürrisch kritisiert der Preuße die Wetterbeschreibungen seiner Kollegen, die «in neunundneunzig von hundert Fällen mit völligem Recht» einfach überblättert würden. Schließlich halten sie «den Gang der Erzählung» nur auf. Dabei ist Fontane, ganz Kind des 19. Jahrhunderts, selbst ein meteorologischer Virtuose. Der eigentliche Höhepunkt des Wetter-Snobismus kommt dann auch erst im nächsten, im 20. Jahrhundert. Deutlich wird das in den Schreibregeln des Bestsellerautors Elmore Leonard – er hat beispielsweise die Romanvorlage für Quentin Tarantinos Filmklassiker *Jackie Brown* geschrieben. Leonards erste Regel lautet: «Fange ein Buch nie mit einer Wetterbeschreibung an.»

Die progressive Wissenschaft der Meteorologie erlebt ein ähnliches Schicksal, wandert vom Entdecker- ins Lehrer-Fach. Aber ist Wolkennamenlernen deswegen auch genauso langweilig wie Lateinvokabelnpauken? Nein. Und irgendwie haben die Medien das schon in den 1980ern erkannt, als das Thema Wetter noch einmal neu entdeckt wird, was vielleicht auch an dem gesteigerten Effizienzbedürfnis der Menschen liegen mag. Man will auch seine Freizeit möglichst ohne böse Überraschungen planen, mutmaßt einer, der sich auskennt, nämlich der Wetterexperte Jörg Kachelmann.

Heute ist durch die Klimaerwärmung eine neuerliche Veränderung zu beobachten, eine neue Sensibilität im Umgang mit dem Wetter. Dabei ist die Wolke unterdessen nicht, wie man annehmen könnte, endgültig vom Mythos in die Wissenschaft gewandert, vom Wunder zur Vokabel geworden, aus der blubbrigen Bläschentheorie in unumstößliche

Physikgrundsätze aufgestiegen. Nein, die Wolke neigt weiterhin dazu, möglichst viele Deutungen zuzulassen. Sie bleibt stets zu gleichen Teilen Symbol und physikalischer Vorgang, ist Objekt mythischer und wissenschaftlicher Betrachtungen, kann Kondensat und Denkfigur gleichzeitig sein. Oder einfach nur ein Witz: «Wohin fliegt eine Wolke, wenn sie Juckreiz hat? – Zum Wolkenkratzer.» Im Englischen funktioniert der Witz übrigens nicht. Da müssen die hohen Häuser ja gleich am Himmel kratzen, werden «skyscraper» genannt. Freilich ist dieser Ausdruck bereits aus dem Italienischen des 13. Jahrhunderts überliefert, dort nennt man eine großgewachsene Person «grattacielo», Kratzer-am-Himmel.

«Was haben Wolken und Männer gemeinsam? – Wenn sie sich verziehen, wird es noch ein schöner Tag!» Hätte etwa Bertolt Brecht Anfang des 20. Jahrhunderts über so einen männerunfreundlichen Witz gelacht? Oder hätte er doch eher seine bei diesem Thema fast wie Rilke klingende Lyrik hervorgeholt, um die Wolke aus dem lustigen wieder in den romantisch ernsten Vergleichsbereich zu locken. Grandioserweise fasst sein Gedicht *Die Liebenden* vom Ende der 1920er indirekt alles noch einmal zusammen, was hier vermittelt werden soll. Die Wolke will am Himmel beobachtet werden, aber auch Vergleichsobjekt bleiben, in dem sich Leben und Liebe spiegeln. Mindestens! Hier ein paar Strophen des Gedichts:

Sieh jene Kraniche in großem Bogen!
Die Wolken, welche ihnen beigegeben
Zogen mit ihnen schon, als sie entflogen
Aus einem Leben in ein andres Leben.

...

Wohin ihr? – Nirgend hin. – Von wem davon? – Von allen.
Ihr fragt, wie lange sie schon beisammen sind?
Seit kurzem. – Und wann werden sie sich trennen? – Bald.
So scheint die Liebe Liebenden ein Halt.

Kraniche und Wolken als modernes Liebespaar, das zusammenfindet und sich dann bald wieder trennt? Modern romantisch ist Brecht auch in seinem Gedicht *Erinnerung an Marie A.*, es ist auf der Rückseite des Buches zitiert.

Himmelsbilder

Mit Brecht stößt man bereits ins 20. Jahrhundert vor, ins Zeitalter des Flugverkehrs und später auch der Satelliten. Aber es lohnt sich, ein paar Schritte zurückzumachen. Denn es gibt ja noch wunderbare Beispiele dafür, wie Wolken in den Jahrhunderten vor Howards Wissenschaft und vor der Romantik in der Kunst dargestellt wurden. Dass die Himmelsgebilde in der menschlichen Wahrnehmung lange Zeit sehr viel mehr mit Göttlichem als mit physikalischer Naturkraft verbunden gewesen sind, ist bereits klargeworden. Ein rascher Blick in die Geschichte der Kunst zeigt zudem, was für phantastisch anmutende Bilder dabei entstehen können. Zumindest rudimentäre empirische Beobachtung ist stets dabei.

Im Bereich der Bildenden Kunst changiert die Wolke zwischen Abbildung und Erfindung, zwischen Naturstudium und dramatischem Symbol. Natürlich stürzen die rebellierenden Engel in Hieronymus Boschs Meisterwerk *Der Heuwagen*, entstanden um 1490, von schneeweißen Cumulus-Mediocris-Wolken, während Jesus, von diesen umgeben, eine Art Barri-

ere zwischen sich und der Erde hat. Bosch, einer der größten Fabulierer der Kunstgeschichte, hat die Wolken hier aber sehr brav gemalt, hat ihnen keine über die Himmelssymbolik hinausgehende Funktion zugedacht. Sie sind Staffage.

Ähnlich losgelöst von natürlichen Zusammenhängen hat etwas früher der italienische Maler Masaccio eine Wolke verwendet. Sein florentinisches Fresko, das Adams und Evas leidvollen Paradies-Rauswurf zeigt, erfindet um 1400 den europäischen Realismus in der Kunst mit. Bei Masaccio droht der schwertschwingende Erzengel Michael den Sündern von

einer rosafarbenen Wolke. Er braucht sie offenbar, ähnlich wie Jesus auf dem Bosch-Gemälde, um Halt zu finden. Dass es Gott, Jesus und die Engel gibt, ist offenbar lange Zeit leichter vorstellbar als die Idee, dass sie dann wohl auch ohne Wolkenunterstützung fliegen können müssten …

Eine der originellsten christlichen Wolken stammt von Lorenzo Lotto. Sie zeigt Jesus auf Cumuluswolken schwebend – hier von kleinen süßen Engeln getragen. Das Spektakuläre dieses Bildes ist jedoch die Figur hinter Jesus. Man sieht da eine weiße Silhouette. Schaut man genauer hin, wird einem klar, wer das sein soll: Gottvater! So wolkig unkenntlich und doch deutlich wie hier bei Lotto ist er vormals noch nie dargestellt worden. Jeder Gläubige kann seine eigenen Vorstellungen in die Gottesgestalt projizieren, ganz so, wie man Figuren oder Gesichter in Wolken hineinliest.

Ziemlich abgefahren, wie fliegende Untertassen nämlich, sehen die Wolken bei Piero della Francesca aus. Hat sich der Renaissancemaler als Hintergrund für seine christlichen Szenen Außerirdische vorgestellt? Wohl kaum. Er hat einfach eine Wolkenart in seiner toskanischen Heimat gesehen, die dort verhältnismäßig oft auftritt: die Lenticularis, die linsenförmig geformte Wolke. Jetzt darf man hier einfach Pieros

Auferstehungs-Fresko von 1463 an seinem Geburtsort Sansepolcro betrachten, hinten im Buch gibt es dann mehr Informationen zu dieser Wolkenform (S. 93).

Der Himmel ist mit dem Göttlichen assoziiert, mit der Natur – und mit menschlicher Symbolik. Letzteres sieht man beispielsweise auf Bildern vom Krieg. Schaut man sich Albrecht Altdorfers *Alexanderschlacht* aus dem Jahre 1579 an, sieht man

einen apokalyptisch feurigen, wolkenzerrissenen Himmel, der meteorologisch vielleicht noch am besten als chaotisch bestimmbar wäre. Doch eigentlich hat er mit Naturwirklichkeit wenig, viel aber mit dem dargestellten Sujet, mit der Alexanderschlacht zu tun. Alexander der Große besiegt die Perser. Und so symbolisiert die brennende Sonne ihn, der sich am linken oberen Bildrand verkriechende Mond hingegen die sieglosen Perser. Man könnte noch anmerken, dass der Mond einen sogenannten Hof hat, was auf eine gewisse Bewölkung hinweist (S. 114), doch sollte man hier nicht zu wolkenfühlig werden, denn dieser Gemäldehimmel ist schlicht und einfach nicht realistisch gemeint. Er ist ein wildes Kriegssymbol.

Es geht auch viel stiller. Adolph von Menzel fängt auf seinem Gemälde *Ansprache Friedrichs des Großen an seine Generale vor der Schlacht bei Leuthen* keinen blutigen oder wilden, sondern einen moralischen Eindruck ein. Friedrich hält hier, im Dezember 1757 während des Siebenjährigen Krieges, seine Verbündeten dazu an, mit ihm gegen den übermächtigen österreichischen Feind anzurennen, trotz geringer Chancen. Und alle sind dabei. An diesem Abbild preußischer Pflicht, die dann am Ende tatsächlich siegt, hat Menzel von 1859 an bis zu seinem Tod unendlich lange gearbeitet, es letztlich nicht fertig bekommen. Doch obschon ausgerechnet König Friedrich in der Darstellung immer noch fehlt, steht der schmale, kaum wahrnehmbare Himmelsstreifen über dem Militärgespräch wie eine eins. Nüchterne graue Bewölkung graut durch die

kahlen Äste, das kann nur Stratus sein, die Schichtwolke, die den Himmel schweigen lässt. Ein unwichtiges Detail? Nun, die Bedeutung wird einem klar, wenn man sich vorstellt, Menzel hätte hier einen strahlend blauen Himmelsstreifen gemalt. Würde niemals funktionieren!

So werden Wolken zum Stimmungstreiber, ganz gleich, ob sie laut sind wie bei Altdorfer oder hintergründig still wie bei Menzel.

Jetzt hat man es vor lauter Symbolik fast vergessen, doch weisen ja schon die frühsten Wolkendarstellungen auf rudimentäre Beobachtungen des Himmels hin. Selbst Plinius, die Leseratte, und Ovid, der Mythenfreund, haben ihre Überlieferungen mit ein oder zwei eigenen Vor-Ort-Erkenntnissen gewürzt. Piero della Francesca hat die Wolken seiner toskanischen Heimat gemalt. Und Boschs Wolkenballen sind zumindest im Rückblick als Cumulus bestimmbar. Er hat sie am Himmel entdeckt und sie dann als Formen für seine Kunst verwendet.

Giotto ist im 14. Jahrhundert in puncto Realismus besonders weit gegangen. Vor allem mit seinen Fresken der Scorvegni-Kapelle in Padua setzt er durch, dass man den Himmel künftig so blau malt, wie man ihn auch sieht – und nicht heilig golden wie auf fast allen Bildern zuvor. Gleichzeitig stammt womöglich sogar das erste pareidolische Gemälde aller Zeiten von ihm. Mit Pareidolie ist das Phänomen gemeint, Gestalten und Gesichter in Dingen oder Mustern zu erkennen – Wolken haben sich dafür logischerweise immer schon bevorzugt angeboten. Vor einigen Jahren hat man also in Assisi, in der Basilika des heiligen Franziskus, auf Giottos Fresko, das Franziskus' Himmelfahrt zeigt, eine Wolke entdeckt, die gleichzeitig das Profil eines Teufelsgesichts bildet.

Ist dies eine inhaltliche Aussage, dass nämlich das Böse stets anwesend ist, sogar in heilig himmelfahrenden Momenten? Vielleicht hat Giotto sich auch nur einen malerischen Spaß erlaubt nach dem Motto: Mal sehen, wer das bemerkt. Lange hat es offenbar niemand entdeckt, und so ist bis vor kurzem Andrea Mantegnas Gemälde vom pfeilgepeinigten heiligen Sebastian, gemalt in den Jahren 1456–59, als erstes pareidolisches Wolkenbild bezeichnet worden. Hier taucht in einer Wolke – wahrscheinlich Cumulus mediocris – eine Reiterfigur auf.

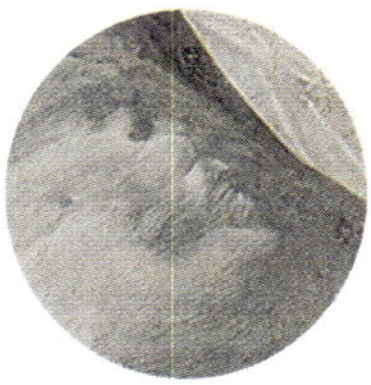

Wolken sind göttlicher Atem und Kondensationsobjekte, sie formen sich immer weiter, immer wieder zu allen erdenklichen Phantasie- oder Ideenbildern. Sogar ein denkscharfer Universalgelehrter wie der Brite John Ruskin nennt lose zusammenhängende Wolken «cloud flock» – «Wolkenherde». Das Ganze steht übrigens in seinem Mammutwerk *Modern*

Painters von 1860. Ebendort fällt Ruskin ein vernichtendes Urteil über die gemalten Wolken der niederländischen Künstler des 17. Jahrhunderts. Ihre Cumulus, so wettert Ruskin, glichen natürlichen Wolken ungefähr so exakt wie die Steckrüben-Schnitzerei eines Kindes dem Kopf der edlen antiken Apollon-Statue!

Stimmt das überhaupt? Tja, man kann zumindest erahnen, was Ruskin da meint. Jan Vermeers weltberühmtes, um 1669 entstandenes Gemälde *Ansicht von Delft* zeigt beispielsweise Cumuluswolken, die eigentlich zu groß sind. Ähnliches kann man bei Vermeers Kollegen Jacob van Ruisdael entdecken, der Cumuluswolken nicht nur im unteren, sondern auch in höheren Stockwerken angesetzt hat, was in der Natur nicht gut möglich ist.

Doch solche Einwände sind unkünstlerisch. Um maßstabsgetreue Realität ist es der Malerei schließlich selten gegangen. Ihre Besonderheit ist ja doch eher, dass sie Dinge, Perspektiven oder Blicke auf eine Tafel bringt, die in der Natur so nicht unbedingt zusammenstehen. Wenn ein Maler wie Vermeer sein Delft auf einen Quadratmeter Bild zu zwängen vermag – er hat die Häuser malerisch viel dichter zusammengeschoben, als sie es in Wirklichkeit sind –, warum sollte er sich darum kümmern, ob die Wolken ein bisschen zu groß sind oder ein bisschen zu hoch stehen?

Die Niederländer des 17. Jahrhunderts, ihre flache Heimat abbildend, erfinden und etablieren die Landschaftsmalerei als eigenes Genre. Damit geben sie dem Himmel und den

Wolken auf dem Gemälde so viel Raum wie nie zuvor. Und das ist, vor allem in flachen Gegenden, sehr realistisch, dort macht der Himmel stets einen Großteil des Blickfeldes und des Raumeindruckes aus. Auch Vermeer geht so vor, er nähert sich der Realität an, gleichzeitig benutzt er Wolken und alle anderen Elemente auch als dramatische Pointierung seiner einzigartigen Bildkunst. Auf seiner *Ansicht* betonen die mächtig ausufernden Wolken das beinahe fotorealistisch wiedergegebene Delft, heben die malerische Präzision hervor. Erst der Himmel vervollständigt das Gemälde.

Den Niederländern ist in Sachen Wolkenmalerei nichts vorzuwerfen. Dennoch versteht man Ruskin irgendwie, wenn er sein Revier gegen die großen Kunstepochen der Geschichte verteidigen will, zu denen die niederländische des 17. Jahrhunderts zweifellos gehört. Aber was ist Ruskins Revier? Die Kunst des 19. Jahrhunderts! Und der muss man eines zugutehalten. Abgesehen von den Fliegern Anfang des 20. Jahrhunderts hat es außerhalb der engeren Wissenschaftskreise keine größeren Wolkenversteher und -liebhaber gegeben als die Maler des 19. Jahrhunderts. Ihr Blick zum Himmel ist bereits beschrieben worden, er ist meteorologisch genau und doch auch künstlerisch autonom, romantisierend. Das zeigt Caspar David Friedrichs grandiose Wolkenstudie (S. 31). Aber man kann das auch an William Turners Gemälde *Die letzte Fahrt der Temeraire* aus dem Jahre 1839 erfahren. Hier wird Wolkenwirk-

lichkeit zu atmosphärischer Malerei umgeformt – und gleichzeitig weist die Schlotwolke des dampfmaschinenbetriebenen Schleppers in die Zeit der Industrialisierung voraus. Ein Teil der romantisch schönen Bewölkung auf Turners Gemälde, zum Beispiel die Färbung, stammt ja womöglich ohnehin von der Luftverschmutzung, die die ersten Fabriklandschaften erzeugen.

Die moderne Wolke als Zeichen

Das Werk des französischen Philosophen Roland Barthes ist in gewissem Sinne einer Wolke recht ähnlich. Es kann fast alles aufnehmen und transformieren, in seinem Fall Werbung, Autos und Pommes, Politik, Kunst, Fotografie und neben vielem anderen auch die menschlichen Gefühle. In seinem poetischen Plädoyer *Fragmente einer Sprache der Liebe* erkennt Barthes die Wolke als Zeichen der Sehnsucht, des ungestillten Verlangens: «Gleichwohl gibt es auch subtilere Wolken; alle schwachen Schatten, die, aus flüchtigem, unbestimmtem Anlass, auf die Beziehung fallen, verändern die Bedeutung ... plötzlich taucht da eine andere Landschaft auf, eine leichte Bewußtseinstrübung. Die Wolke ist dann nur mehr jenes *etwas fehlt mir.*»

Man bekommt diese Sehnsuchtswolke nicht recht zu fassen, dabei wirft sie, aus hoher Höhe, einen dunklen Schatten. Ganz ähnlich schillert ja auch die Bedeutung, die in der alten Redewendung von der «umwölkten Stirn» steckt. Sie bezeichnet ein Gesicht, auf dem sich, als Anzeichen drohenden Übels, düstere Gedanken oder Sorgen zeigen.

Dieser Zeichencharakter der Wolke als Symbol einer Sehnsucht oder düsterer Sorgen ist hochpoetisch – und gleichzeitig sehr kompliziert. Willkommen in der Philosophie des 20. Jahrhunderts! Wobei man dazusagen sollte, dass die Zusammenhänge insgesamt nicht unbedingt komplizierter werden. In der Anfang des Jahrhunderts einsetzenden modernen Kunst löst sich die Wolke teils in Farbe und Form auf. Wie Landschaft überhaupt, wird sie abstrakt. Oder sie wird zum Sinnbild für Kunstschönheit. Piet Mondrians *Rote Wolke* aus der Zeit um 1907 erscheint dem Dichter Yves Bonnefoy we-

der als himmlisches noch als physikalisches Phänomen. Für ihn ist sie der «Buchstabe eines unbekannten Alphabets». Das passt gut, denn Mondrians Wolke fragt nach bisher womöglich unbekannten Qualitäten von Farbe und Form, nach dem konstruiert Bildhaften. In Mondrians Bild, so Bonnefoy, «behauptet sich letztlich vor allem ... die Schönheit und nicht das Göttliche».

Diesen Kunstcharakter sieht man der roten Wolke deutlich an, der fauvistische Gestaltungswille des Künstlers, der hier mit rohen Farbflächen arbeitet, übertrumpft das natürliche Moment. Dennoch, Mondrians Wolke schwebt recht tief über dem Horizont und hat eine lockere, haufenartige Struktur. Das muss eine Cumulus sein. Da schleicht sich eben doch eine Form von Natürlichkeit in die Abstraktion, denn Mondrian hat keine neblige Stratus verwendet, sondern die Cumulus, die beste Bild-Wolke, die der Himmel zu bieten hat.

Nicht jede Abstraktion lässt sich direkt auf eine Wolkenart beziehen. Der Italiener Giuseppe Ungaretti, der Dichter totaler Wort-Reduzierung, notiert 1917:

Das Leben entleert sich
in lichtendem Aufstieg
sonnenbestickter
schwellender Wolken.

Das kann nun wirklich nicht als Umschreibung des physikalischen Vorgangs der Kondensation durchgehen! Es ist die Vision eines zum Himmel Schauenden, der ein Gleichnis für die menschliche Existenz sucht. Ganz anders und doch ähnlich klingt Georg Heyms *Träumerei in Hellblau* von 1911:

Blaue Länder der Wolken
Weiße Segel dicht,
Die Gestade des Himmels in Fernen
Zergehen in Wind und Licht.

Das Bild der Wolke als weißes Segel ist visuell schlüssig, gefühlsmäßig verständlich und physikalisch eher bedenklich. Macht aber nichts, denn Heym schildert ja einen inneren Eindruck, eine Sehnsucht. Vielleicht müsste man solche Gefühle der bestehenden Wolkenklassifikation hinzurechnen? So ähnlich hat es zumindest Durs Grünbein in seinem *Brief über die Wolken* von 1993 vorgeschlagen: «Was aber die echten Wolken betrifft, versteht sich, daß ihr Verzeichnis zugleich auch ein Katalog der Leidenschaften und Luftschlösser wäre, geeignet für Analyse und böse Gefühlskritik.»

Grundsätzlich gilt vom 20. Jahrhundert an für Wolken noch mehr als schon zuvor: Anything goes! Man hat sie in Mythen gewebt, in Klassifikationen gespannt – und jetzt, in der Postmodernen, will man sie vor allem manipulieren, etwa mit Chemie beschießen, um sie zum Regnen zu bringen. Währenddessen geht die Atompilz-Wolke als Strahlung und als

Schreckensbild um die Welt. Ohnehin wird jeder Wolkentyp von nun an fotografisch abgelichtet, von unten, von oben und mittenmang. Engel und Götter finden sich nicht mehr. Doch abgesehen etwa von menschengemachten Kondensstreifen ist die Wolke immer noch dieselbe wie zu Zeiten von Aristoteles, Hildegard von Bingen, Lorenzo Lotto oder Caspar David Friedrich. Wen wundert's also, dass trotz allem immer mal wieder Romantik durchscheint – so wie in Wolfgang Tillmans' Fotografie *Lux* aus dem Jahre 2009 (S. 71).

Flugzeuge, Fotoapparate, Kanonen

Mit Mondrian und Barthes, mit Heym und Ungaretti wirkt es fast ein bisschen so, doch man darf nicht erwarten, dass die Wolke im 20. Jahrhundert total in den Bereich der Kunst und des Gefühls abdriftet. Die Wolkenwissenschaft legt nämlich erst so richtig los, während gleichzeitig die Luftfahrt immer wichtiger wird. Die ersten Flieger sammeln Wolkenwissen, umgekehrt muss man des anwachsenden Flugverkehrs wegen immer mehr über das Wetter herausfinden. Der Wolkenatlas von 1910, der zweite seiner Art und erstmals mit vielen Fotos ausgestattet, hält das zwar noch nicht fest. Doch seit den erbitterten Himmelsgefechten im Ersten Weltkrieg kurz darauf assoziiert man mit einem Wort wie Wolkenheer eher nicht mehr göttliche Mächte, sondern Kampfflieger – und dann bald auch Bombenangriffe aus der Luft. Wohl nicht von ungefähr kommt im kriegsgeplagten frühen 20. Jahrhundert der Begriff Wetterfront auf. Wobei es interessanterweise im deutschen Wortschatz Kriegswolken, aber keine des Friedens gibt. Dabei existieren sie ja, die freundlichen Wolken! (S. 81, Cumulus). Aber die lässt man bei den Sprichwörtern links liegen und freut sich lieber, wenn gar kein Wölkchen die Stimmung trübt. Seit kurzem gibt es zumindest eine Freiheitswolke: Um 30 Jahre Mauerfall zu feiern, hat man 2019 am Brandenburger Tor in Berlin Zehntausende mit guten Wünschen und Botschaften beschriebene Zettel zu einer bunten Wolke zusammengeknüpft.

Zurück zum Luftverkehr: Der Fotograf Georg August Weltz weist bereits 1930 darauf hin, was die Meteorologie dem Flugverkehr verdankt. Im 20. Jahrhundert, so Weltz, habe sich das Wissen verändert. Nicht mehr nur Seeleute würden ihre klugen Himmelsbeobachtungen teilen. «Heute ist das Verständnis für die Bedeutung der Wolkenformen durch die Luftfahrt stark gefördert worden.»

Weltz hat dazu Fotos vom Himmel gemacht, auf denen man oft ein kleines Flugzeug sieht. Nicht nur die motorisierten Maschinen sammelten neues Wolkenwissen, sondern auch die Pioniere des Segelfliegens. In Deutschland sind diese Himmelssegler besonders stark aktiv, da nach dem verlorenen Ersten Weltkrieg der Motorflug vorerst verboten ist. So steuern die Pioniere beispielsweise, die Thermik unter den Flügeln nutzend, in leichtem Auf und Ab von Cumulus zu Cumulus, um deren Auftrieb für sich zu nutzen. Ziemlich schlau!

So ließ sich auch erstmals die Geschwindigkeit von Aufwinden direkt messen, die ja für die Bildung der Haufenwolken verantwortlich sind. Schaurig schön findet der sogenannte «Fliegerdichter» Peter Supf die neue Himmelswelt. Er bringt 1928 die Lyrikanthologie *Das hohe Lied vom Flug* heraus, eine erste Sammlung, die sich dem Fliegen widmet. Darin dichtet Supf:

Da dich aus deinem Hause ...
In Wetter, die von roten Blitzen schimmern,
Umrauchter Erde, Gott zur Ferne reißt,
Dich in die Wolken wirft, um dort zu leben,
Wo du nicht hingehörst und seltsam blickst ...
Und Traumgesichtern in das Antlitz nickst,
Was Wunder, daß du vor dir selbst erschrickst!

Ein bisschen darf man sich übrigens nicht nur bei der Vorstellung eines Wolkensturzes erschrecken, sondern auch bei dieser mittelprächtigen Lyrik ...

Seit Mitte des 20. Jahrhunderts gibt es verstärkt Versuche, das Wetter via Wolkenmanipulation zu beeinflussen. In manch einem bayerischen Dorf, so heißt es, glaube man weiterhin daran, durch starkes Läuten der Kirchenglocken ein Gewitter abschwächen zu können. Etwas wissenschaftlicher klingen Überlegungen, wie sich Nebel an Flughäfen bekämpfen lasse, was dann freilich von den siebziger Jahren an durch elektronische Landehilfen obsolet wird. Von diesem Zeitpunkt an muss man eigentlich gar nicht mehr auf Sicht fliegen, also stört Nebel nur wenig. Von größerem Interesse bleibt nach wie vor die Idee, Hagel durch Beschießung von Wolken zu vermeiden – etwa in Weinanbaugebieten, zum Schutz der Trauben.

Noch heißer ist man freilich darauf, Wolken zum Abregnen zu bringen. Steuerbarer Regen, das ist ein feuchter Traum industrialisierter Landwirtschaft. Doch dieses sogenannte Wolkenimpfen ist kompliziert und teuer. Einige halten dennoch daran fest, vor allem, wenn es gilt, politische Feiertage oder Sportevents ins beste Licht zu rücken. So hat der damalige Moskauer Bürgermeister Juri Luschkow in den Neunzigern Wolken mit Silberjodid beschießen lassen, damit diese vor der Stadt abregnen und seine Festtage sonnig bleiben mögen – unter anderem die Fünfzigjahrfeier des russischen Sieges im Zweiten Weltkrieg.

Diese faszinierende und befremdliche Ausgeburt wissenschaftlichen Denkens und Handelns wird auch in China praktiziert. Bei den Olympischen Spielen 2008 wurden Hunderte Bauern rund um Peking mit Silberjodid-Flaks ausgestattet, um eventuell heranwehende Regenwolken zu beschießen. Überhaupt ist China heute in Sachen Wetterbeeinflussung ganz vorne mit dabei, investiert umgerechnet viele hundert Millionen Euro, um Dürren zu bekämpfen. So soll es auf der tibetanischen Hochebene in Zukunft dank Tausender Jodid ausstoßender Öfen viel mehr regnen.

Abgesehen von den fragwürdigen ökologischen Konsequenzen bleiben die Erfolge des Impfens zweifelhaft, was irgendwie eine schöne Nachricht ist. Während man heutzutage mit großer Erfolgsquote fast alles züchten kann, sträuben sich Wolken offenbar gegen Manipulation. «Eine Wolke, die nicht regnen will, regnet nicht», so hat es der Meteorologe Stephan Borrmann einmal formuliert.

Moment mal, unterstellt der Wissenschaftler der Wolke etwa einen eigenen Willen? So wörtlich hat er das sicherlich nicht gemeint, doch es passt. Die Wolke behauptet ihr Eigenleben, ihren Mythos, ihren Regen. Nicht umsonst hat sie einer der schlausten Menschen des 20. Jahrhunderts, Karl Popper, regelrecht zum Symbol der Freiheit erklärt. Popper, der hellseherische Wissenschaftshistoriker, stellt die Wolke in einem Vortrag als das Prinzip der Unordnung gegen das Ordnungsprinzip der Uhr. Gleichzeitig weist er darauf hin, dass selbst Wolken mit uhrwerkhafter Präzision entstehen und vergehen können und dass Uhren zu einem gewissen Grad der Unordnung, dem Zufall unterworfen sind.

Wolken sind Uhren, und Uhren sind Wolken! Ein Gedanke, der ziemlich im Hirn knirscht. Da muss man sich schnell bei einem kleinen Instagram-Aufreger aus jüngster Zeit erholen. Im August 2019 ist einigen Fans der Instagram-Influencerin @tupisaravia (Martina Saravia) aufgefallen, dass in ihren Fotos von exotischen Urlaubszielen stets die gleichen Wolkenformationen auftauchen. Wie bitte, sind die etwa gephotoshoppt? Logisch, erwidert die Influencerin ihren Kritikern, das Foto habe mit den Wolken einfach besser ausgesehen. Was nun an dieser Geschichte besonders amüsant ist: Der fitnessmäßig optimierte und digital verhübschte, werbewirksame Körper der Reisespezialistin wird offenbar stillschweigend akzeptiert. Aber sobald an der Individualität der Wolken herumgepfuscht wird, scheint der Spaß aufzuhören!? Seltsam. Jedenfalls ist die Kritik am Ende angekommen, die Fotos enthalten jetzt je verschiedene Wolken aus dem digitalen Baukasten ...

Was Digitalisierung und VR-Technik für die Entwicklung glaubhafter Fotografien bedeuten, kann man heute noch kaum abschätzen. Aber im Rückblick auf das 20. Jahrhundert fällt auf, dass die Fotografie bei der Wolkenwissenschaft so stark geholfen hat wie das Flugzeug. Denn Wolken sind stets individuell. Auch die generalisierenden Atlanten haben seit dem Beginn des 20. Jahrhunderts allermeist auf schematisierende Darstellungen verzichtet und dafür Fotos von echten Wolken abgebildet, die besonders typisch aussehen. Das ist übrigens bis heute so. Da die Wolkengattungen und -arten am Himmel nur selten so typisch aussehen wie, sagen wir, eine Amsel, muss man sie zumeist in der Situation erfassen, mit allen Abweichungen und Unregelmäßigkeiten.

In neuerer Zeit hat der Künstler Wolfgang Tillmans ein unglaubliches Wolkenbild geschaffen, in dem viel zusammenkommt: Das Fliegen, das Fotografieren – und der romantische Mythos. Denn Tillmans hat seine *Lux*-Fotografie in den 2000ern auf einem Linienflug in Südostasien gemacht. Lustigerweise liefert der Pilot Marcel Braun in einer Radiosendung des Deutschlandfunk eine Beschreibung, die man mit der Fotografie assoziativ in Verbindung bringen kann, obwohl sie damit eigentlich nicht direkt etwas zu tun hat. Der Pilot berichtet ja von seinen ganz eigenen Erfahrungen mit Himmel und Wolken, während er im Cockpit sitzt: «Wenn es eine Weile geradeaus geht, kann man schon mal … ein bisschen auf die Wolken schauen. Was ich immer sehr spannend finde, gerade wenn es Gebiete sind, wo viele Auftürmungen sind und ganz unterschiedliche Wolken, und man fliegt so mittendurch und sucht sich dann auch kleine Löcher: Das sieht dann schon sehr mystisch aus. Da hat man ganz tolle Lichteffekte teilweise. Und es kann auch Spaß machen, muss ich jetzt mal ganz ehrlich sagen, wenn man durch solche Landschaften fliegt, wo kleine Türmchen stehen, und der Lotse gibt einem ein bisschen Freiheit. Dann kann man da schon mal ein bisschen Slalom drum herum fliegen … Und wackeln tut's ja nicht, weil man da nicht reinfliegt.»

Diese Beschreibung wirkt wie eine bodenständige Schilderung des feierlichen Moments, in dem Tillmans 2009 seine *Lux*-Fotografie gemacht hat. Sie hält ein überwältigendes Spiel aus Licht und Wolken fest, ein romantisch-mystisches Glühen, das seinesgleichen sucht. Und gewackelt hat es bei Tillmans' messerscharfem Bild ja wohl deutlich auch nicht. Wenn man es betrachtet, versteht man sofort, warum so viele Menschen, nicht nur Schriftsteller oder Künstler, überzeugt sind, dass Wolken die Stimmung beeinflussen können. Ob

Wetter hingegen wirklich krank machen kann, ist aus schulmedizinischer Sicht noch immer eine offene Frage.

Bei so viel Neo-Romantik vergisst man schnell, dass die Wolke im 20. Jahrhundert auch zum Zeichen der Angst geworden ist. Nicht nur durch die Atompilzwolke, sondern mehr noch durch die Verseuchung nach der Nuklearkatastrophe in Tschernobyl. Gudrun Pausewangs Jugendbuch *Die Wolke* von 1987 schildert ein Jahr nach Tschernobyl einen fiktiven Reaktorunfall in Westdeutschland, bei dem Kinder vor der tödlichen Strahlenwolke fliehen. Diese Giftwolke hat sich in den Hirnen einer ganzen Generation festgesetzt. Hingegen dürften wohl weniger Leser Christa Wolfs Reaktion auf Tschernobyl mitbekommen haben, obwohl sie ziemlich stark ist: «Eine unsichtbare Wolke von ganz anderer Substanz hatte es übernommen, unsere Gefühle – ganz andere Gefühle – auf sich zu ziehen. Und sie hat, habe ich wieder mit dieser finsteren Schadenfreude gedacht, die weiße Wolke der Poesie ins Archiv gestoßen. Sie hat, von heut auf morgen, diesen und beinahe jeden Zauber gebrochen.»

Nicht nur Tillmans' *Lux* zeigt, dass Wolfs apodiktisches Statement zum Glück nicht zutrifft. Die poetische Wolke wird, solange es Menschen gibt, immer wieder aus dem Archiv hervorquellen und sich gegen ihre bösen und giftigen Artgenossen behaupten. Und damit natürlich auch gegen eher technische Assoziationen, wie sie beim Begriff des Cloud Computing aufkommen. Apropos, wie steht es eigentlich mit der Metapher der digitalen Cloud, die uns heute täglich umgibt? Auf den ersten Blick wirkt sie stimmig: Daten sind nicht auf dem jeweiligen lokalen Rechner gespeichert, sondern in einer Art Wolke, die sozusagen darüber schwebt. Denkt man genauer nach, zerbröselt die Metapher jedoch. Die Cloud soll ja eine Art Ewigkeitsspeicher sein, soll Sicherheit und Zugänglichkeit der Daten gewährleisten. In der Natur ist die Wolke freilich ein zweifelhafter Speicher. Sie nimmt diverse Dinge auf, Wasser, Eis, Staub, Schmutz, Strahlungen, Gifte. Doch haut sie das Ganze zumeist ziemlich unkontrollierbar raus, davon können nicht nur die Wolkenbeschießer ein Lied singen.

Wolkenbildung: Was man heute weiß

Plinius hat geglaubt, dass Feuer aus den Sternen in die Wolken fällt und Blitze erzeugt. Descartes beschreibt meteorologische Erscheinungen, die nach mechanischen Prinzipien funktionieren, geht aber dennoch von der Existenz Gottes aus. Luke Howard führt die perfekt unterscheidbaren Cumulus und Cirrus ein, doch gibt er mit Stratus zusätzlich einen Typus vor, der streng genommen auch nur eine Mischform sein könnte – so notiert es bereits der Wolkenatlas von 1939 kritisch. Und wäre es nicht überhaupt besser gewesen, gleich nach Wolkenhöhe zu klassifizieren, wie es Howards Konkurrent Lamarck bereits 1802 vorgeschlagen hat? Denn diese Praxis setzt sich erst Ende des 19. Jahrhunderts durch, ist aber enorm hilfreich und wird bis heute von Meteorologen angewandt. Man kann das auf unserer Infographik (S. 78 f.) sehr schön sehen, denn sie zeigt an, auf welcher Höhe welche Wolkengattung zu finden ist.

Schlägt man heute ein Fachlexikon der Meteorologie auf, gibt es folgende Definition: «Wolken: sichtbare, in der Luft schwebende Anhäufung von Kondensationsprodukten des Wasserdampfs, d. h. von sehr kleinen Wassertröpfchen ... und/oder Eiskristallen.»

Solche physikalischen Erklärungen sind für uns verbindlich. Für alle, die bei «Kondensationsprodukt» nicht gleich das passende Bild vor Augen haben, sei hier kurz ein bisschen

Wolkenphysik in der denkbar simpelsten Art erklärt. Wasser ist als Wasserdampf in der Luft, in winzigen Partikeln. Das sieht man zum Beispiel, wenn man ein eiskaltes Getränk in ein Glas füllt und sich dann wunderbarerweise außen am Glas Wassertropfen bilden. Die Luft ist hier im Kontakt mit der kalten Glaswand abgekühlt und kann nicht mehr so viel Wasser halten wie vorher im wärmeren Zustand. Logisch, in den Tropen ist die Luft viel feuchter als im kälteren Norden. Bei diesem kleinen Einschenkvorgang zeigt sich das große Wunder der Kondensation. Wasserdampf kondensiert, er wird aus der Luft gezogen wieder zu Wasser. Nur funktioniert das in höheren Lagen, in der sogenannten freien Atmosphäre, etwas anders. Genauer gesagt ist der Vorgang der Tröpfchenbildung so kompliziert, dass er hier nur ganz grob beschrieben werden soll. Die kondensierenden Wassertropfen vermengen sich mit mikrokleinen Staubpartikeln und Salzkristallen, sogenannten Aerosolen, zu Wolkengebilden. Das passiert zum Beispiel, wenn feuchtwarme Luft aufsteigt und dann in höherer Lage abkühlt. Diese vertikale Bewegung nennt man Konvektion – und dabei entstehen Cumuluswolken (S. 81). Der vielleicht noch wichtigere Entstehungsgrund für tiefere Wolken, vor allem für Stratocumulus (S. 90), ist die Turbulenz. Treffen Windströmungen auf Hindernisse wie Hügel oder Berge, verwirbeln sie sich zu Leewellen. Dadurch können größere Turbulenzen entstehen, die feuchte Luft über das Kondensationsniveau schieben, wo sich dann Wolken bilden (S. 86).

Bei diesen beiden Varianten geht es je um kleinere Luftmassen. Doch gibt es auch größere Vorgänge, die Wolken erzeugen. Stößt eine Kaltfront auf warme Luft, schiebt die kalte sich keilförmig unter die warme. Es kann jedoch ebenfalls passieren, dass die kalte Luft die Warmluft von oben her überholt und sie dabei an der Berührungsfläche abkühlt. Das ist eine Variante der Konvektion, sie erzeugt beispielsweise die mittelhohen langgezogenen Altocumulus (S. 105).

Die Cirruswolken, die hohen Eiswolken, wachsen nicht nach oben, wie die bereits beschriebenen Wolkentypen der tiefen und mittleren Lage. Sie wachsen sozusagen nach unten. In locker zehn Kilometern Höhe, bei guten 50 Minusgraden, bewegen sich feine Eiskristalle herab, werden vom Wind erfasst und ein Stück fortgetragen. So entstehen die cirrustypischen Streifen.

Wenn nun auf diese entweder durch Konvektion, Turbulenz oder Gefrieren entstehenden Staub-, Wasser- und Salzkristall-Gebilde Sonnenlicht trifft, man nennt das Streuung, sehen wir die Wolken hier unten auf der Erde. Ächz?! Sollte man die himmlischen Gebilde der Einfachheit halber doch lieber wieder als Riesenhirnreste oder Elefantengeister bezeichnen? Nein, denn viel komplizierter wird es hier nicht mehr. Wer sich diese Grundlagen der Wolkenbildung merkt, weiß schon viel.

Allerdings, da Wolken flüchtige Geschöpfe sind, muss man nicht nur wissen, wie sie gebildet werden, sondern auch, wie sie sich auflösen. Zwei wichtige Gründe dafür: Erstens können die wolkenbildenden Prozesse abgeschwächt werden, etwa wenn sich die Luft am Boden abkühlt und also keine thermischen Schübe mehr zur Cumulus-Bildung nach oben sausen. Zweitens kann ein starkes Hochdruckgebiet in der freien Atmosphäre das Absinken der Luft bedingen, die sich dabei aufwärmt, was die Bildung neuer Wolken erschwert.

Eine Frage, die sich viele Hobby-Himmelsbeobachter immer mal wieder stellen, ist die nach der Bedeutung der Wolkenfarbe. Sind alle weißen Wolken regenfrei? So wollen es ja Bauernregeln wissen: «Je weißer die Schäfchen am Himmel gehen, desto länger bleibt das Wetter schön», oder: «Weiße Wolken befeuchten die Erde nicht».

Das stimmt. Doch im Umkehrschluss heißt das eben nicht, dass grau gefärbte Wolken stets Regen bergen. Das ist ein typischer Interpretationsfehler. Sieht man kleine, an der Unterseite graue Cumuluswolken, denkt man schnell: Auweia, eine Regenwolke. Nichts da! Denn die dunklere Farbe kommt zumeist daher, dass die Unterseite der Wolke weniger Licht abbekommt als die Oberseite. Die Regenwahrscheinlichkeit steigt dabei nicht.

Fliegt man mit einem Flugzeug durch eine Wolkenschicht, sieht man diesen Verlauf oftmals sehr gut. Es fängt bei dunklem Grau an und endet bei hellem Weiß. Ausgewachsene Regenwolken, meist tiefgrau, bekommen ihre dunklere Färbung aber tatsächlich nicht nur von der Dichte der Wolkenschicht, sondern auch von den großen Wassertropfen, aus denen sie bestehen. Deren Größe übersteigt nämlich die feinen Wasserpartikel, aus denen sich kleinere Cumulus zusammensetzen, um ein Vielfaches. Sie blocken Lichtstrahlen regelrecht ab, daher die dunkelgraue Färbung. Somit stimmt diese Bauernregel doch zumindest partiell: «Dunkle Wolken künden Regen». Aber noch einmal, man schaue sich nur unsere Stratus nebulosus opacus an (S. 99). Sie ist relativ grau, dicht und lichtundurchlässig. Regen wird sie aber nicht unbedingt absondern.

Die zehn Wolkengattungen in den drei Stockwerken der Troposphäre

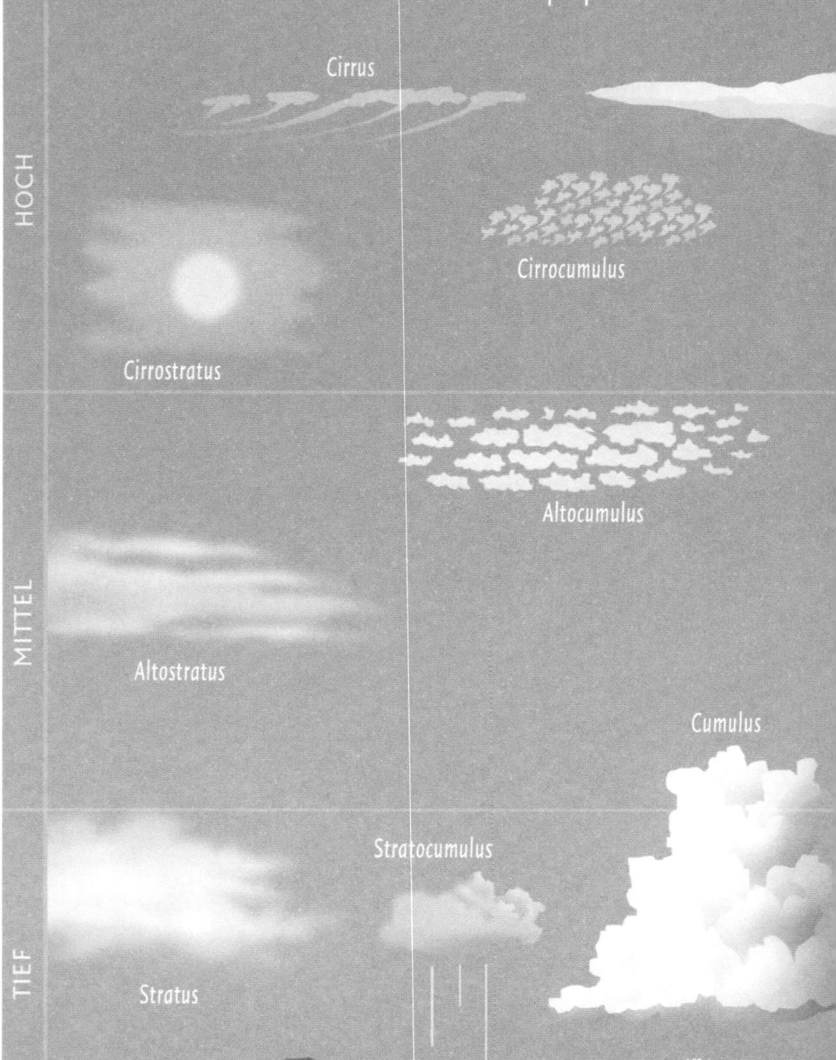

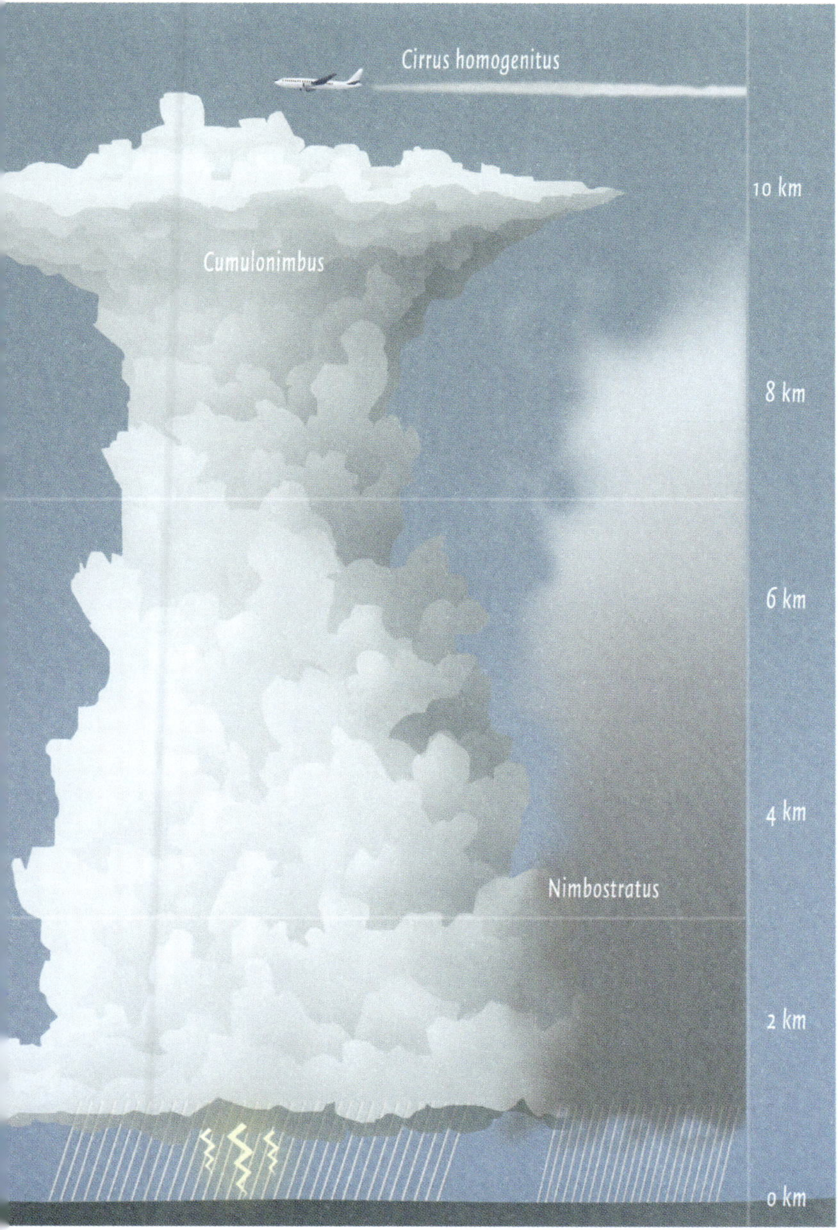
Cirrus homogenitus
Cumulonimbus
Nimbostratus
10 km
8 km
6 km
4 km
2 km
0 km

Fractus
Mediocris
Humilis

Cumulus

Charakter

Die Cumulus ist die Bilderbuchwolke. Schön, rund, nett. Freundlich begleitet sie sonnige Tage, sie ist das i-Tüpfelchen des Sommers. Allerdings hat sie Verwandte, die zum cholerischen Gewitterausbruch neigen …

Für Sonnenanbeter klingt es befremdlich, aber es gibt tatsächlich Schönwetterwolken. Und das sind die flachen oder mäßig hohen Cumulus – im Fachlatein spezifiziert als humilis und mediocris. Sie bilden sich zumeist an Sonnentagen in niedrigen Höhen, wenn warme Luft von der Erde aufsteigt und Feuchtigkeit mit sich nimmt. Man nennt das Konvektion. Während die Luft abkühlt, kondensiert das Wasser von einer bestimmten Höhe an – hier liegt das Kondensationsniveau. Das erklärt die ziemlich platte Unterseite der Wolken, die Wolkenuntergrenze, die bei Cumulus mit dem Kondensationsniveau übereinstimmt. Gegen Abend, wenn es kühler wird, lösen sich die zumeist recht kleinen Gebilde wieder auf.

In der Cumuluswolke quillt es ständig vor sich hin, in ihrem Inneren finden Mikrozirkulationen statt, die für die schöne blumenkohlartige Struktur sorgen. Sind diese inneren Eigenbewegungen nicht so stark, haben es Luftströme viel leichter, die Wolken zu zerpflücken (S. 85, Fractus).

Martin Luther schrieb, im August 1530 in den Himmel schauend: «Ich sahe auch große dicke Wolken uber uns schweben, mit solcher Last, daß sie möchten einem großen Meer zu vergleichen sein.» Ja, irgendwie ist die «Last», das Gewicht der Wolken, ein interessanter Punkt. Luther hat das wohl einfach als Wunder Gottes durchgehen lassen. Im 21. Jahrhundert stellt man lieber Rechenbeispiele an: Obschon der einzelne Tropfen in der Wolke fast gar nichts wiegt, kommen, wenn man das gesamte zerstäubte Wasser in einer durchschnittlich großen Cumulus mediocris addiert, schnell mal über 200 Tonnen zusammen. Das sind, nur für eine einzige Wolke, mehr als 100 unbemannte Golf VII, die da herumschweben (andere Autoren zitieren Elefanten und Jumbo-Jets als Vergleichsgrößen). Kein Wunder, hatten die Gallier Angst, dass ihnen der Himmel auf den Kopf fällt!

Normalerweise jedoch fällt die Wolke nicht herunter, sie entsteht und verdampft in etwa zehn Minuten. Gibt es stärkere Schwankungen in der Luft, sozusagen ein Gerangel von kühlen und warmen Schichten, können sich die kleinen Bäusche zu mittlerer oder sogar turmhoher Größe aufschichten, dann Cumulus congestus genannt. Diese Art wird so groß, dass sie zu den stockwerkübergreifenden Typen zählt, denn sie gelangt von der unteren mühelos in höhere Luftschichten. Das ist keine Schönwetterwolke mehr. Sie kann einen anständigen Schauer niedergehen lassen, sich gar zur Sturmwolke Cumulonimbus zusammenbrauen (S. 140).

Die hübsche Cumulus ist die Bilderbuchwolke. Man kann wunderbar Formen und Gesichter in sie hineinlesen und sich an ihrer Luftigkeit erfreuen. Schon Ludwig Tieck hat Wolken als die größten «Spaßmacher» bezeichnet, können sie doch «Hund, Pferd, Kamel, Turm, Festung, Mensch und alles» werden.

Cumulus congestus

Spricht man von Wolkengebirgen, meint man zumeist diese Cumulus-Art. Congestus bedeutet «gehäuft». Da der Name Cumulus eigentlich etwas ganz Ähnliches meint, Haufenwolke nämlich, ist die Congestus sich selbst überbietend die aufgehäufte Haufenwolke. Nomen est Omen! Sie entwickelt sich aus Cumulus humilis oder mediocris, quillt gerne mehrere Tausend Meter in die Höhe und bewegt sich dabei aus dem unteren ins mittlere Himmelsstockwerk. Die klar definierte Blumenkohlstruktur im oberen Bereich grenzt sie von der noch höher steigenden, oben faserig vereisten Cumulonimbus ab (S. 140).

Oft hat man im hitzig thermischen und daher gewitterreichen Sommer 2019 in Deutschland über der Congestus kleine, zumeist grau gefärbte runde Kappen sehen können. Sie entstehen umso leichter, je mehr Aufwindpotenzial in der

Cumulus vorhanden ist. Trägt dieser Aufwind dann feuchte, abkühlende Luft über die Wolke, entstehen die Kappen, genannt pileus, Mütze. In der scharf umrissenen, runden Mützenform kommen sie eher selten vor, zumeist sehen sie wie feine, horizontal wehende Schleier aus, die am Kopfteil der Wolke herumwabern.

Besonders Wanderer und Sportpiloten behalten Congestus-Wolkengebirge, die auch Niederschlag hervorbringen können, stets fest im Auge. Aus ihnen kann nämlich die Gewitterwolke Cumulonimbus entstehen, die man weder unterwandern möchte noch je durchfliegen sollte.

Cumulus fractus

Eine Tochter des Winds, zieht die Fractus-Wolke meist schnell über den Himmel. Zwar können sich aus ihr bei ausreichender Thermik auch wieder größere Cumulus entwickeln, doch am häufigsten bildet sich diese gängige Art auf dem umgekehrten Weg der Zerteilung. Daher sieht sie nicht wie ein Zuckerwattebündel aus, sondern wie in die Luft geworfene Fetzen, die aus größeren, vom Wind zerpflückten Cumulusteilen bestehen. Englische Seeleute haben diese Windgetriebenen als «scud» bezeichnet, denn mit «to scud before the wind» meinen sie «vor dem Wind segeln».

Man kann die Fractus natürlich nicht nur auf See oder über dem Flachland beobachten, sondern auch an Gebirgskanten, an denen Luftströme sich zu sogenannten Leewellen verwirbeln und böig werden. Leewellen entstehen, wenn Windströmungen auf ein Hindernis treffen. Ursprünglich stammt dieser Begriff aus der Seemannssprache, dort bezeichnen Luv und Lee die dem Wind zugewandte respektive abgewandte Seite. Auf der windzugewandten Gebirgsseite (Luv) rast die Luft, das steinige Hindernis überfahrend, in die Höhe, schießt über den Gipfel oder die Oberkante hinaus und fällt, im Windschatten (Lee) langsamer werdend, wieder ab. Gleichzeitig wird sie – von der darunter liegenden Luftschicht – wieder nach oben geschubst. So steigt sie wieder, sinkt ab, wird nach oben gedrängt etc. pp.

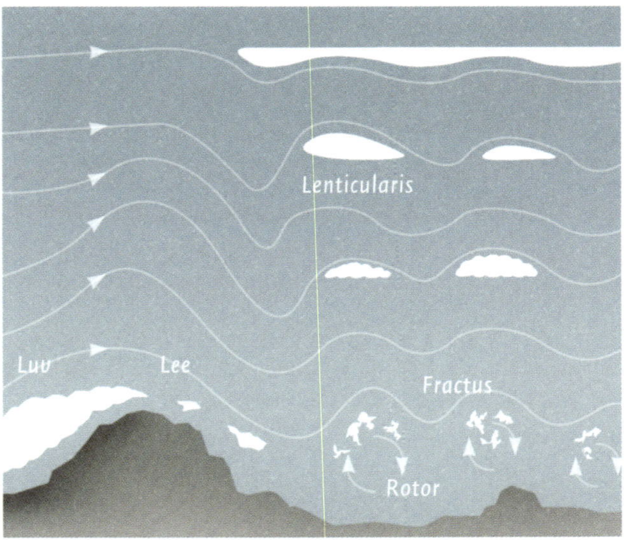

Wie auf einem Trampolin hüpft die Luft auf und ab – und zerfetzt dabei nicht nur die Wolken, sondern formt sie auch zu wunderschönen wellenartigen Mustern (S. 95, Undulatus). Bei der Bildung einer Stratocumulus-Art spielen diese geländebedingten Leewellen ebenfalls oft eine Rolle, nämlich bei der Lenticularis (S. 93).

MEINE BEOBACHTUNGEN

Welche Wolke genau (Gattung, Art, Unterart, Sonderform)

Ort

Datum

Uhrzeit

Wetterlage

Notizen / Wetterstimmung

Stratocumulus

Charakter

Variantenreich und wandelbar wie kaum eine Wolke, ist sie nicht unbedingt schön, dafür aber breit. Und sie tritt häufig auf. Ein Durchschnittstyp. Stratocumulus verdeckt gerne die Sonne, trägt aber selten Regen. Sieht man sie im Sommer, darf man sich ruhig an den Strand legen.

Die Schichtwolke Stratocumulus entsteht aus Cumuluswolken, die sich zusammenschließen, weil sie nicht weiter nach oben wachsen können. Das passiert, wenn sich eine warme Luftmasse über die thermischen Aufgleitvorgänge schiebt und diese sozusagen deckelt – so ist das übrigens auch bei der Cumulonimbus incus: Die an der Oberseite platte Amboss-Form entsteht, weil die Wolke nicht weiter in die Höhe quellen kann und in die Breite ausweicht (S. 143). Dieser Vorgang heißt Inversion.

Die Stratocumulus sieht im Frühstadium, wenn die Abstände groß sind, teils der Cumulus recht ähnlich, ist aber weniger definiert. Sie weist weder Quellformen noch scharfe Umrisse auf. Wenn sie sich als Stratiformis am Himmel ausbreitet, so wie auf unserer Illustration, muss man nicht stän-

dig veränderungssensibel nach oben blicken, denn sie bleibt gerne länger. Da ist also genug Zeit für eine Latein-Anekdote, denn bei dem ganzen Stratocumulus und stratiformis und so weiter fragt man sich unweigerlich, warum diese abgestorbene Sprache hier immer noch verwendet wird.

Tja, es hat sich so eingebürgert. Genauer gesagt hat sich Luke Howards System der Wolkenklassifikation im 19. Jahrhundert aus gleich zwei Gründen durchgesetzt, obwohl eigentlich Jean-Baptiste de Lamarck mit einer ersten Klassifikation früher dran war. Doch hat Lamarck zwei entscheidende Fehler gemacht: Er verwendet, erstens, ein poetisierendes Französisch. Stratocumulus hätte er wohl «en forme de voile» (schleierartig) oder «attroupés» (Wolkenmasse) genannt. Aber so ganz klar wird das nicht, denn Lamarck geht davon aus, dass es gut hundert unterschiedliche Wolkentypen gibt. Und diese ordnet er, sein zweiter Fehler, nicht in ein strenges System.

In der Gelehrtenwelt seiner Zeit setzten sich Howards lateinische Namen besser durch, denn Latein war die internationale Sprache der Wissenschaft. Heute würde der Engländer Howard wohl eher einen Vorsprung gehabt haben, wenn er seine Muttersprache zur Benennung verwendet hätte.

Dabei stammt die Gattungsbezeichnung Stratocumulus gar nicht von ihm. Sie wurde 1840 durch den deutschen Wetterforscher Ludwig Kämtz vorgeschlagen und etablierte sich als erste wichtige Ergänzung von Howards System, bleibt jedoch innerhalb von dessen Logik und Begrifflichkeit.

Da Stratocumulus so häufig vorkommt, sollte man sie exakt bestimmen können. Allerdings verwechselt man sie auf den ersten Blick leicht mit der mittelhohen Altocumulus. Schaut man genauer hin, sieht man jedoch rasch, dass diese weitaus höher liegt und daher auch feiner aussieht. Ihre Struktur ist deutlich pointierter (S. 105, mittelhohe Wolken).

Stratocumulus lenticularis

Das ist die Wolke, deretwegen besorgte Bürger wohl am häufigsten beim Wetteramt anrufen: Sie glauben, eine fliegende Untertasse gesichtet zu haben – das weiß der Meteorologe Hans Häckel zu berichten. Weil sie auf starke Aufwinde hindeutet, ist die mandel- oder eben linsenförmige Lenticularis ein Liebling der Segelflieger. Mit Hilfe der durch sie angezeigten Aufwinde kann ein Segelflugzeug schnell auf Tausende von Höhenmetern gelangen.

Oft trägt gebirgiges oder hügeliges Gelände zur Bildung der teils auch Föhnfisch oder Föhnschiff genannten Lenticularis bei, da so eine Landschaft gerne für Luftverwirbelungen sorgt (S. 85 und 86, Pileus und Leewellen). Bei dieser höchst ästhetischen Wolke ist es teils sogar zu einer direkt kulturlandschaftlichen Verbindung von Kunst und Umwelt gekommen. Der Wolkenforscher Gavin Pretor-Pinney hat herausgefunden, dass der Renaissance-Maler Piero della Francesca gerne solche linsenförmigen Wolken verwendet hat, so etwa

für das Auferstehungs-Fresko (1463) in seinem Geburtsort Sansepolcro (abgebildet in der Einleitung, S. 51).

Doch warum hat er sie verwendet? Erstens sehen sie einfach schön und sehr mysteriös aus, wirken wie Erscheinungen – zweitens aber, und das ist eben auch wichtig, hat man sie über dem hügeligen Gelände der Toskana und des angrenzenden Umbrien immer schon häufig sichten können – wie auch in dem Gemälde *Bernardino predigt auf dem Marktplatz in Siena* des Malers Sano die Pietro von 1448.

Stratocumulus stratiformis undulatus perlucidus

Diese Stratocumulus hat die Art-Bezeichnung stratiformis, «flächig verteilt» – soll heißen, sie ist so gar nicht punktuell angeordnet wie etwa die Lenticularis. Doch das ist noch nicht alles. An dieser Stelle, mit ein bisschen Vorwissen im Gepäck, kann man es wagen, tiefer in die Klassifizierungsmethode einzusteigen. Denn Wolken können zwar nur eine Art haben, also sind entweder stratiformis oder lenticularis, entweder floccus, fractus oder castellanus etc. Doch sie können dazu mehrere Unterarten besitzen, mit deren Definition man ihr Erscheinungsbild und ihre Entstehungsweise noch genauer differenziert. So sehen wir hier eine Stratucumulus von der flächig angeordneten Art. Gleichzeitig ist sie aber noch in der Unterart wellenförmig – undulatus. Bis ins 20. Jahrhundert hinein hat man das Undulatus-Phänomen ziemlich unschön als «Wulst-Cumulus» bezeichnet.

Nun sieht man durch die wellige Schicht auch deutlich Himmelsflecken, also trifft ebenfalls die Unterart perlucidus zu, was so viel wie «mit Zwischenräumen» bedeutet. Wäre hinter den Wolken die Stellung von Sonne oder Mond noch bestimmbar, würde man zudem die Unterart translucidus attestieren, was auch bedeuten kann, dass die Wolkendecke nicht so dicht ist. Bedeckt die Stratocumulus hingegen mit ihrer flächigen weißen bis grauen Struktur den gesamten Himmel, ist sie opacus, undurchsichtig.

Zu kompliziert? Dann einfach tief einatmen. Ausatmen. Und ein paar Schäfchenwolken zählen ...

MEINE BEOBACHTUNGEN

Welche Wolke genau (Gattung, Art, Unterart, Sonderform)

Ort

Datum

Uhrzeit

Wetterlage

Notizen / *Wetterstimmung*

Stratus

Charakter

Schichtet sich die Stratus vor die Sonne, helfen dem Menschlein nur Kaffee und gute Musik. Manchmal sorgt diese lahme Ente von einer Wolke auch dafür, dass man einen Niesel- oder Grieselschirm braucht – sie bringt, gähn gähn, nicht einmal ordentlichen Regen zustande …

Die Bezeichnung «tiefe Wolke» stimmt hier besonders, hat man doch das Gefühl, sie würde einem direkt vor der Nase hocken und den Blick eintrüben. Kaum einer, sieht er eine Stratus durchs Wohnungsfenster, wird dieses Buch in die Hand nehmen und sich fröhlich vor die Tür bewegen (es sei denn, er will heimlich rauchen). Nicht einmal der Vorsitzende der englischen Wolkenliebhaber-Gesellschaft, Gavin Pretor-Pinney, sonst ein bedingungsloser Verehrer alles Wolkigen, kann dieser Type etwas abgewinnen, vor allem nicht als Stratus nebulosus opacus. Sie lässt kaum noch Licht durch, siehe unsere Illustration, und hängt teils nur etwa 200 Meter über dem Erdboden.

Doch wie kommt sie dorthin? Sie entsteht nicht durch Konvektion wie die Cumulus, also durch partielle Thermik, eine

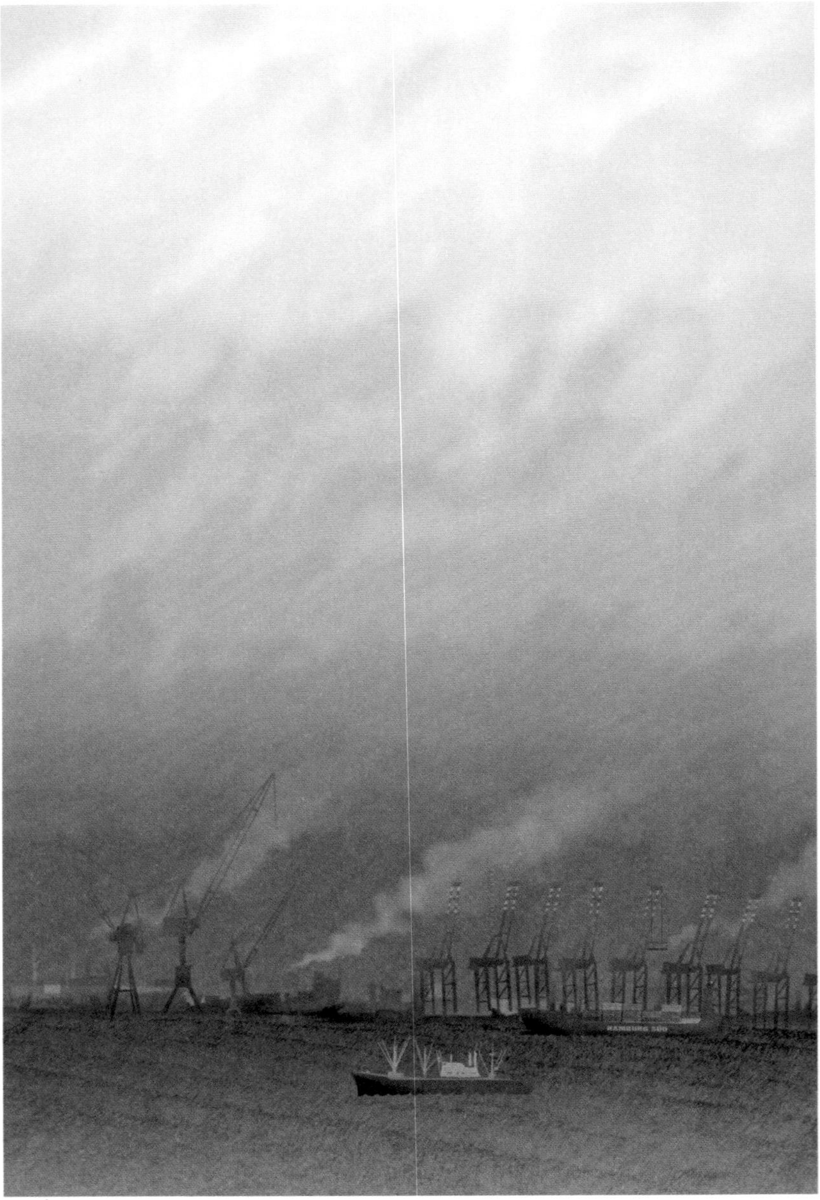

vertikale Bewegung. Die Stratus bildet sich, wenn bodennahe Luft feucht ist und Abkühlung einsetzt. Ganz richtig, das klingt stark nach, gähn, gähn, Herbst und Winter. Jedenfalls kann diese feucht-kühle schwere Luftschicht dann unter einer in größerer Höhe gelegenen wärmeren Schicht steckenbleiben. Da warme Luft weniger dicht und also leichter ist als kalte, kann die Kaltluft nicht weiter aufsteigen. Diese Kombination sorgt für Stabilität. Wobei meteorologisch weniger duldsame Menschen das Wort Stabilität vielleicht durch Eintönigkeit ersetzt wissen wollen würden.

Als Stratus fractus sieht sie allerdings heller, lässiger und auch dramatischer aus. Dann nämlich wird sie durch Wind in Fetzen zerpflückt, die nur ein paar hundert Meter über der Erde dahintreiben – Lamarck hätte sie um 1800 vielleicht als «nuages en coureurs», als «schnellziehende Wolken» bezeichnet. Oder sie taucht als Stratus nebulosus transludicus die Sonne in ein milchig schimmerndes Licht. Dieses Phänomen sieht man in Mitteleuropa häufiger an einem morgendlichen Sommertag. Es verschwindet dann bei zunehmender Erwärmung. Nun ja, wenn die Cumulus die Bilderbuchwolke ist, bleibt der Stratus nur der Platz der Anti-Bild-Schicht. Zeigt ein Gemälde sie doch einmal ganz pur, opak und grau, dann darf man vermuten: Das muss etwas mit Preußen zu tun haben (S. 54, Adolph von Menzel) oder zeigt ein noch lichtärmeres nordisches Land.

Man kann die Stratus leicht mit Bodennebel verwechseln. Darf man aber auch, denn es gibt zwischen beidem kaum einen Unterschied. Schon Aristoteles hat Nebel einfach als «unproduktive Wolke» bezeichnet. Um allerdings im Wortsinne nicht die Orientierung zu verlieren, unterscheidet der meteorologische Beobachter die Phänomene durchaus. Hat die «Wolke» Bodenkontakt und führt sie dazu, dass man weniger als einen Kilometer geradeaus schauen kann? Dann ist es Nebel.

An einem trüben Stratus-Tag muss man nicht immer nur *November Rain* von Guns N' Roses hören, man kann sich ruhig auch mal vorlesen, was einer der wenigen großen Nebelfreunde, der Maler Caspar David Friedrich, aufgeschrieben hat: «Wenn eine Gegend sich in Nebel hüllt, erscheint sie größer, erhabener und erhöht die Einbildungskraft und spannt die Erwartung, gleich einem verschleierten Mädchen. Auge und Phantasie fühlen sich im allgemeinen mehr von der duftigen Ferne angezogen als von dem, so nah und klahr vor Augen liegt.» Es stimmt schon, ein knallblauer Himmel ist künstlerisch zumeist (außer vielleicht für den blau-süchtigen Künstler Yves Klein) weniger interessant als ein wolkiger. Der Philosoph Edmund Burke hat das bereits im 18. Jahrhundert erkannt: «The cloudy sky is more grand than the blue».

MEINE BEOBACHTUNGEN

Welche Wolke genau (Gattung, Art, Unterart, Sonderform)

Ort

Datum

Uhrzeit

Wetterlage

Notizen / Wetterstimmung

Altocumulus

Charakter

Sie kann fast alles: lädt zum Schäfchenzählen ein, malt wilde Wolkengemälde, kündigt Wetterverschlechterung an. Ein Kommunikationsgenie!

Weißliche bis graue Flecken, Felder, Schichten; mosaikartig, bogenförmig; Eigenschatten.» Ein meteorologischer Lexikoneintrag, der fast schon Malerei mit Worten ist. Das passt gut zu dieser Wolkengattung, die einen Teil der Bezeichnung Schäfchenwolke trägt: Die mittelhohe, in unseren Breiten zwischen 2000 und 7000 Höhenmetern auftretende Altocumulus strukturiert sich oft in *grobe* Schäfchenwolken, wohingegen Cirrocumulus die *feinen* Schäfchen bildet, besonders als durch einzelne Flocken bestehende Schicht – floccus genannt (S. 126).

Das ist aber noch längst nicht alles. Altocumulus ist, zählt man ihre vielen Unterarten, sogar variantenreicher als die tiefere Stratocumulus. Wenn sie sich in mittlerer Höhe bildet, aus Aufgleitvorgängen beispielsweise, sorgt sie oft für wilde, wunderschöne und komplexe Himmelsbilder. In diesen Höhen liegt die Temperatur meist um den Gefrierpunkt, daher besteht sie hauptsächlich aus unterkühltem Wasser, seltener aus Eispartikeln. Sie ist viel dichter als die ganz hohen Wolken, hat daher einen Eigenschatten. Vor allem als wellenförmige Undulatus und als zinnenartige Castellanus (siehe die nächsten Seiten) prognostiziert sie relativ zuverlässig schlechteres Wetter. Denn ein wichtiger Faktor für ihre Entstehung ist ja das sogenannte Aufgleiten: Eine Warmluftströmung schiebt sich wie auf einer schiefen Ebene über kalte Luft, sie prallt gewissermaßen von der Kaltluft ab und fährt nach oben. So werden nicht, wie bei der Cumulus, einzelne Wolken, sondern eher Wolkenflächen erzeugt. Oft sehen sie wellenartig aus (undulatus). Diese wellige Struktur ergibt sich durch Winde an der Grenze zwischen Warm- und Kaltluft. Solche Bewölkung kündigt dann häufig Regenwetter an.

Fun fact: Die in der freien Atmosphäre auftretenden unterkühlten Wassertröpfchen nennt man so, weil sie eben nicht gefrieren, obschon die Temperatur deutlich unter dem Gefrierpunkt liegt. Ohne dieses Phänomen gäbe es in den mittleren europäischen Breiten gar keinen Regen, denn der fällt aus Höhen, die den Gefrierpunkt bei weitem unterschritten haben. Wer Lust hat, mal richtig über Physik zu staunen, sollte einfach «unterkühlte Wassertropfen» googeln. Da erfährt man dann unter anderem, dass der Gefrierpunkt von Wasser nicht immer bei null liegt und dass, um eine Kristallisation zu erzeugen, keineswegs nur Minustemperaturen eine Rolle spielen. Aber Obacht, das ist kein Fun fact mehr, das ist harte Wissenschaft.

Altocumulus castellanus

Diese wie alle Cumulus-Wolken durch Konvektion entstehende, in Höhen von 4000 bis 6000 Metern vorkommende zinnenförmige Castellanus-Art hat nicht nur den bei weitem sprechendsten Namen. Vor allem ist sie, tritt sie frühmorgens auf, der verlässlichste Wetterhahn der Welt. So schreibt der Meteorologe Hans Häckel: «Wenn morgens Castellani am Himmel erscheinen, darf man mit fast hundertprozentiger Sicherheit damit rechnen, dass es noch Gewitter geben wird.»

Warum? Weil die Castellanus-Bildung deutlich zeigt, dass kalte Luft in höhere Luftschichten eindringt, was häufig Gewitter verursacht. Die darunter liegende wärmere Luft kann in diesem Prozess beim Aufsteigen zwar keine sehr großen Cumulus erzeugen, jedoch kleine runde Köpfchen oder eben Zinnen, die aus der Wolkenbank heraussprudeln. Sie bilden die markante Burgzinnenstruktur und lösen sich dann sehr bald von der Wolkenbank ab, steigen nach oben und verschwinden.

Der Barockdichter Andreas Gryphius hat im 17. Jahrhundert folgende Castellanus-Situation beobachtet: «Halt Geister! Haltet innen, bisz Gottes Feldtrompet euch von der Wolckenzinnen die Stund ausblasen wird.» Noch Fragen?

Altocumulus stratiformis undulatus

Undulatus, die Wellenförmige, ist die häufigste Unterart von Altocumulus. Sie tritt in allen Stockwerken und in vielen Varianten auf. Denn ihr so schönes wie spektakuläres Wellenmuster wird, wie auch hier in der mittleren Höhe, ganz einfach durch Luftströmungen erzeugt. Und die gibt es ja überall. Besonders aber in der mittleren Höhe findet das Aufgleiten statt, bei dem warme Luft über einen Kaltluftkeil geschoben wird. An der schrägen Grenzfläche der Luftschichten entstehen dann diese Wellen. Besonders spektakulär sieht es aus, wenn sie regelmäßig verteilt über eine große vertikale Fläche laufen. Teils kommt die Undulatus aber auch nur an kleineren Stellen oder in weniger symmetrischer Form vor.

Die Wolkenfanatiker der Cloud Appreciation Society haben sogar dafür gesorgt, dass 2017 eine mit der Undulatus verwandte Sonderform in die Neuausgabe des Wolkenatlas aufgenommen worden ist. Man nennt sie Asperitas, was so viel wie «rau» oder «aufgewühlt» bedeutet. Dieses Phänomen hat wellenartigen Charakter, aber ist nicht so gleichmäßig strukturiert wie die Undulatus. Asperitas ähnelt eher, wie der Name schon sagt, einer chaotischen aufgerauten See. Das Phänomen tritt auch bei der Stratocumulus häufig auf. Es wirkt hier wie dort extrem dramatisch, ohne dass besondere Gefahren von dieser Wolke ausgingen oder durch sie angezeigt würden.

MEINE BEOBACHTUNGEN

Welche Wolke genau (Gattung, Art, Unterart, Sonderform)

Ort

Datum

Uhrzeit

Wetterlage

Notizen / Wetterstimmung

Altostratus

Charakter

Ein undurchschaubarer Typ, der wie sein tiefer liegender Ehepartner Stratus nicht viel mehr kann, als Trübsinn zu begünstigen. Hat man ihn schon fast aufgegeben, kommt er dann aber plötzlich poetisch daher …

Merke: Wolken, die in ihrem Namen «Stratus» mitführen, machen nie so ganz glücklich – vor allem nicht unseren Illustrator. Denn wo soll er anfangen, wo aufhören? Diese mittelhohe graue Schicht ist so einheitlich fad, dass sie sich nicht einmal in Arten – nebulosus, stratiformis, floccus et cetera – unterteilen lässt. Mit Nebel kann man sie auch nicht verwechseln, dafür steht sie zu hoch. Sie bedeckt oft Hunderte von Himmelskilometern und kann dabei mehrere tausend Meter dick in die Höhe wachsen. Einer der besten Himmelsforscher der Welt, Richard Hamblyn, hat die Entstehung dieser Wolke in ihrer dünneren Ausformung beschrieben, also translucidus: «Am häufigsten kommt es aber zur Bildung von Altostratus translucidus, wenn vor einer nahenden Warmfront oder Okklusion die Luft in mittleren Höhen großräumig von einem Hebungsgebiet erfasst wird.» Das klingt auch schon gleich langweiliger als die Entstehung von Cumulus oder Cirrus.

Aber die Natur hat Zaubertricks drauf, sie kann langweilig wirken und doch interessant sein. Dass die mittelhohe Schichtwolke, im Gegensatz zu ihrer höher gelegenen Verwandten, keine spektakulären Halos erzeugt, ist betrüblich. Doch kann sie etwas anderes, nämlich der Sonne oder dem Mond eine Corona verpassen. Dieser Strahlenkranz aus bis zu drei farbigen Ringen, durch Brechung des Lichts in den wolkigen Wassertropfen erzeugt, könnte den Dichter Paul Celan zu folgender Beschwörung inspiriert haben: «Es ist Zeit, daß der Stein sich zu blühen bequemt, daß der Unrast ein Herz schlägt. Es ist Zeit, daß es Zeit wird. Es ist Zeit.» Dies ist der Schlussteil von Celans Gedicht *Corona* aus dem Jahr 1952, da war die gleichnamige Biermarke hierzulande übrigens noch unbekannt.

Ist die Altostratus nicht allzu dick und lichtundurchlässig und kleistert sie nicht den gesamten Horizont zu, kann sie außerdem beim Auf- und Untergang der Sonne farbenfrohe Showeffekte an den Himmel zaubern.

Altostratus opacus mamma

Die Altostratus opacus ist dermaßen dick und großflächig verteilt, dass man weder Sonne oder Mond noch Himmel sieht. Opak, undurchsichtig, düster. Mehr muss man dazu

nicht sagen. Interessant wird es beim Sonderform-Zusatz mamma, was Euter oder Zitze bedeutet. Die Mamma kommt in allen Höhen vor, an der Unterseite der Gewitterwolke Cumulonimbus am häufigsten, doch auch bei Altostratus. Zumeist bilden sich die runden Beutel – Regen- oder Gewittersäcke genannt – nach Schauern, Stürmen und Gewittern. Sie bleiben nur für wenige Minuten bestehen.

So deutlich euterartig, wie diese Sonderwolke aussieht, so unklar bleiben die Theorien zu ihrer Entstehung. Seit ihrer ersten Erforschung zu Beginn des 20. Jahrhunderts rätselt man schon. Bisweilen bringt man die Ausbildung der runden Säcke mit der Fallgeschwindigkeit von Hagel und Regen in Verbindung, die die Wolkenunterseite in der Mamma-Form nach unten ziehen kann. Oder mit lokal auftretenden, jedoch kräftigen Abwinden, wenn feuchte Kaltluft nach unten sackt. Aber diese wundersam schöne Wolke, die filmisch-dramatisch wirkt, darf man auch ohne viel Wissen einfach bewundern – zumal, wenn man das Glück hat, sie im Farbenspiel eines Sonnenuntergangs zu sichten.

MEINE BEOBACHTUNGEN

Welche Wolke genau (Gattung, Art, Unterart, Sonderform)

Ort

Datum

Uhrzeit

Wetterlage

Notizen / *Wetterstimmung*

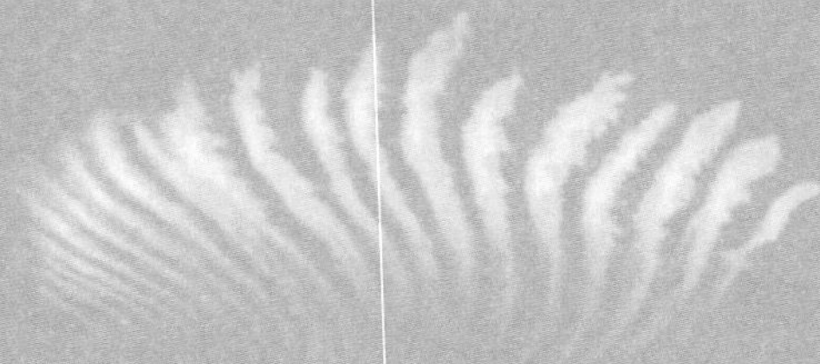

Cirrus fibratus

Cirrus intortus

Cirrus floccus

Cirrus

Charakter

Ein besonders luftiges Wesen, das deutlich zum Himmel und nicht zur Erde gehört. Fliegt man hindurch, sieht man es nicht. Die Sonne, besonders beim Auf- und Untergang, erweckt die Cirrus zum Leben. Clevere Menschen können an ihr, wie am Flug der Schwalben, Wetterumschwünge erkennen.

Zuerst sehe man nur ein paar dünne Fäden, die wirken, als seien sie «mit dem Bleistift an den Himmel geschrieben». So hat Luke Howard die Cirrus 1803 erfasst. Tatsächlich wirken diese Eiskristall-Wolkenstriche, diese Federwolken, oft wie mit feinstem Stift oder Pinsel gezogen. Das zeigt sich als länglich ruhiges – fibratus – oder als expressiv kurviges Muster – uncinus. Die Wolke ähnelt manchmal auch, das sagt schon die direkte Übersetzung des lateinischen cirrus, einer Haarlocke. Fast immer sieht man allen diesen Formen an, dass sie in größter Höhe von 7 bis hin zu 13 Kilometern zu Hause sind. Nur selten verwechselt man sie mit den tieferen Wolkentypen, auch hat wohl bislang kaum einer je ein Gesicht in eine Cirrus hineinlesen können. Die einzige wirklich prosaische Form, die diese Wolke hinbekommt, macht sie ganz von selbst: eine Art Schlangen- oder Fischskelett, passenderweise Vertebratus genannt.

Die Ausbildung der Cirrus wirkt für den Beobachter von der Erde aus eher statisch, besonders im Vergleich zur quellenden Cumulus. Kleine Eiskristalle werden dabei im Fallen von Windströmungen erfasst und wie in einer sehr langsamen, kaum nachvollziehbaren Zeitlupe in die Länge gezogen. So entstehen die bei allen Cirrus-Formen typischen Streifen. Howard hat es ja schon beschrieben, es sieht aus wie eine Federzeichnung. Aber in Wirklichkeit passiert etwas ganz anderes: In eiskalten Höhen von bis zu 50 Minusgraden peitschen Winde mit 200 Stundenkilometern Eiskristalle durch die wasserarme Luft. An diesem Punkt ist das oberste Ende der Troposphäre erreicht, also der atmosphärischen Schicht, in der sich Wetter und Wolkenbildung abspielen.

Bleibt die Cirrus dünn und locker, darf man eher mit Schönwetter rechnen. Verdichtet sie sich, zeigt sie oft eine Verschlechterung an. So bezeichnet man die hohe Wolke auch als Frühwarnsystem der Atmosphäre. Vor allem in Zeiten vor der Satellitenaufnahme hat sie weit entfernte und für die Menschen am Boden unsichtbare Entwicklungen anzeigen können. Niemals aber kommt der Cirrus-Niederschlag auf der Erde an. Er gehört nur dem Himmel.

Cirrus fibratus

Die Fibratus, die faserige Eiskristallwolke, ist die am häufigsten auftretende Cirrus. Von ihrer Schwester, der hakenförmigen Uncinus, unterscheidet sie sich nur durch die Form: kurze oder lange Streifen respektive Fasern, bei denen man kaum eine Fallbewegung verwehter Kristalle sieht (also keine Haken), sondern nur eine ziemlich gerade Spur am Himmel. Das Auftreten der Fibratus zeigt, dass es weit oben starke Winde gibt. Falls sie nicht gerade den gesamten Himmel erobert, ist sie ansonsten kein spezifischer Wetterindikator.

Eine zusätzliche, oft auftretende Unterart ist übrigens die Intortus, das sind eingedreht oder verdreht wirkende Cirrus-Fäden. Alle genannten Varianten unterscheiden sich deutlich von den *verdichteten* Cirrus, Spissatus genannt, die ein bisschen wie plattgedrückte und teils grau eingefärbte Cumulus aussehen – diese Analogie ist vollkommen unwissenschaftlich und sollte nur mit Vorsicht genossen werden!!

MEINE BEOBACHTUNGEN

Welche Wolke genau (Gattung, Art, Unterart, Sonderform)

Ort

Datum

Uhrzeit

Wetterlage

Notizen / Wetterstimmung

Cirrocumulus

Charakter

Eine scheue Variante der Cirrus, die selten auftaucht und dann meist phantomhaft schnell wieder verschwindet, kaum dass man sie gesehen hat …

Diese hohe Haufenwolke bildet sich oft aus bereits vorhandenen Cirrus, was dabei hilft, sie von tiefer liegenden und gröberen Altocumulus zu unterscheiden. Außerdem sieht man die Cirrocumulus extrem selten, da sie sich zumeist nur in unruhiger windiger Atmosphäre aus kleineren Cirren zusammenhäuft und dann umgehend wieder verschwindet. Wie alle hohen Wolken besteht sie zum größten Teil aus Eiskristallen, partiell aber auch aus unterkühlten Wassertropfen. Höchst selten bedeckt sie den gesamten oder auch nur einen Großteil des Himmels, sie tritt eher punktuell auf, wie hingetupfte weiße Flecken im Blau – dabei sind die einzelnen hohen Cumulus-Portionen ungefähr genauso groß wie die tiefen Cumulus-Wolken, die wir kennen. Da sie aber kilometerhoch über uns schweben, wirken sie viel kleiner.

Ein von Cirrocumulus stratiformis überzogener Himmel gilt seit Jahrhunderten als Vorbote von Schlechtwetter und

Sturm, besonders den Seefahrern. Im Englischen spricht man hier von einem «mackerel sky», einem Makrelenhimmel, da das Schuppenmuster besonders der Königsmakrele stark an diese Wolkenform erinnert. Falls man gerade keine Königsmakrele zur Hand hat, um das zu bestätigen, darf man sich auf den Wolkenpapst Gavin Pretor-Pinney verlassen. Der hat das Ganze auf britischen Fischmärkten eigens recherchiert. Im Deutschen spricht man – gerade bei Cirrocumulus floccus – von «feinen Schäfchenwolken». Früher, so überliefert der erste Wolkenatlas von 1890, hat man sie auch «Lämmergewölk» genannt. Doch auch damals ist über diese Wolke am wenigsten zu sagen gewesen. Man wundert sich fast ein bisschen, dass sie Gattungsstatus hat bekommen können ...

Cirrocumulus floccus

Floccus, die büschelartige Wolke, tritt in allen Stockwerken auf. Sie soll hier im hohen Stockwerk besprochen werden, weil diese feinen Schäfchenwolken etwas Besonderes, Seltenes sind.

Die Floccus-Büschel im oberen, mittleren und tiefen Stockwerk unterscheiden sich in einem Punkt ganz deutlich: Die hohen bestehen aus Eis, die tiefen aus Wassertropfen. Dennoch ähneln sie sich in der Form, wobei diese hohe Art am Rand weniger profiliert ist, da die Eiskristalle die scharf konturierte Quellungsstruktur der Cumulus weich oder ver-

schwommen aussehen lassen. Manchmal wirkt das fast so, als schaue man durch eine ungeputzte Brille zu ihnen hinauf. Dabei schimmern sie stets weiß, niemals dunkelgrau, und lassen Sonnenstrahlen fast ungehindert durchscheinen.

Die Floccus entsteht bei instabilen Luftverhältnissen. Manchmal erwächst sie auch aus der zinnenförmigen Cirrocumulus castellanus, wenn sich die darunter liegende, sozusagen Burgmauer spielende Wolkenbank aufgelöst hat.

MEINE BEOBACHTUNGEN

Welche Wolke genau (Gattung, Art, Unterart, Sonderform)

Ort

Datum

Uhrzeit

Wetterlage

Notizen / Wetterstimmung

Cirrostratus

Charakter

Man sieht sie, man sieht sie nicht. Sie ist langweilig und doch irgendwie ein bisschen wichtig. Stratus gewinnt den Kampf gegen Cirrus, die trübe Schicht besiegt die Haarlocke. Keine Sau nimmt hier unten die brillanten Eiskristalle wahr, aus denen sie besteht …

Diese Wolke kann man problemlos übersehen. Im Sinne von: den Wald vor lauter Bäumen nicht sehen. Ganz die typische Schichtwolke, ist sie nämlich undifferenziert. Reichlich dünn und sehr hoch oben am Himmel stehend, kann die Sonne oftmals hindurchscheinen. An den meisten Tagen verführt diese Wolke nur zu der Schlussfolgerung, der Himmel sei dunstig, trübe oder diesig. Ist sie voll ausgebildet, muss man sich höchstwahrscheinlich auf Schlechtwetter einstellen, so will es schon eine alte Bauernregel: «Wenn die Sonne scheint sehr bleich, ist die Luft an Regen reich.» Ach, diese Bauern, sie waren gute Beobachter und bescheidene Dichter …

Cirrostratus ist auch im Kontext der Klimaerwärmung von Bedeutung. Wie alle hohen eiskristallhaltigen Wolken lässt sie zwar kurzwellige Sonnenstrahlen durch, blockt jedoch die

langwellige Wärmeabstrahlung der Erde. So hält sie, Eiswolke hin oder her, die Temperaturen eher hoch (auch S. 147, Kondensstreifen).

Cirrostratus nebulosus

Die Cirrostratus nebulosus, früher auch Cirrus-Dunst oder Cirronebula genannt, trübt das Himmelsblau oft nur ein bisschen ein, so wenig sieht man sie. Doch kaum bricht sich das Licht in ihren kleinen schwebenden Eiskristallen, bildet sich um die Sonne ein kreisförmiger Halo. Dank dieses Heiligenscheins sieht die Wolke plötzlich unwirklich schön aus. Eigentlich kann man solche Halos relativ oft sehen, leider schauen wir zu selten nach oben und übersehen diese «Ornamente des Himmels» (so der Meteorologie-Professor Fritz Möller). Wer doch einen Halo entdeckt, ist gut beraten, die gleißende Sonne mit vorgehaltener Hand augenschonend zu verdecken, während er das Phänomen bestaunt.

Es gibt noch weitere Lichterscheinungen, beispielsweise die über und unter der Sonne auftretende vertikale Lichtsäule, die rechts und links von ihr erscheinenden Nebensonnen, den farbigen Zirkumzenitalbogen genau über dem Betrachter. Unsere kleine Graphik soll das veranschaulichen. Übrigens, der normale Regenbogen würde auf dieser Graphik im Rücken des Betrachters, also stets gegenüber der Sonne, durch Lichtbrechung und -reflexion in Regentropfen entstehen.

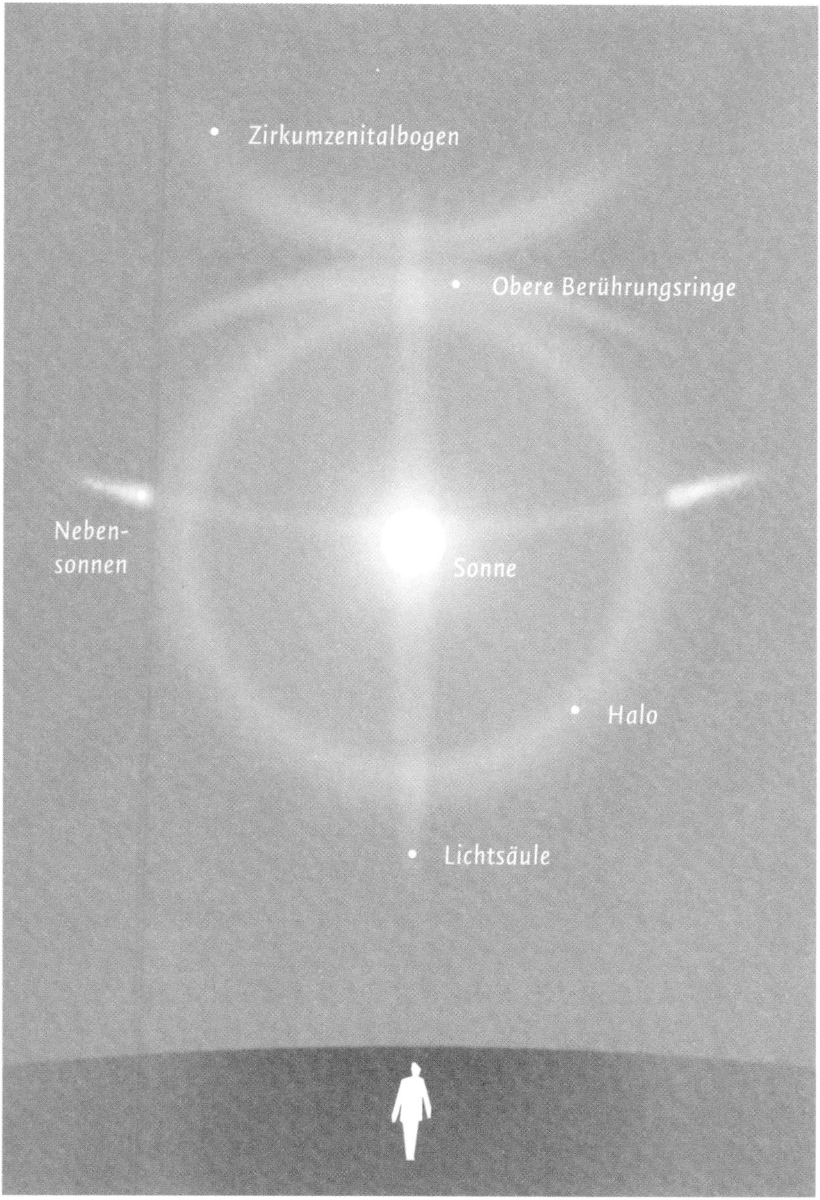
Zirkumzenitalbogen
Obere Berührungsringe
Neben-
sonnen
Sonne
Halo
Lichtsäule

MEINE BEOBACHTUNGEN

Welche Wolke genau (Gattung, Art, Unterart, Sonderform)

Ort

Datum

Uhrzeit

Wetterlage

Notizen / Wetterstimmung

Nimbostratus

Charakter

Have you ever seen the rain ...

Die Nimbostratus gehört zu den stockwerkübergreifenden Wolken, sie kann sich von der unteren Tiefe der Cumulus bis hin zur eisigen Cirrus-Höhe erstrecken. Fast jeder ist durch solch ein Wolkenmonstrum schon einmal mit dem Flugzeug geflogen. Womöglich bereits 300 Meter über dem Boden beginnend, erkennt man es daran, dass es gar nicht mehr aufhören will. In weiß-grau-schwarze Schattierungen tauchend, verliert man das Gefühl für Raum und Zeit.

Luke Howard hat Anfang des 19. Jahrhunderts neben Cumulus, Cirrus, Stratus und deren Mischformen noch eine eigenen vierte Überform ausmachen wollen: die Nimbus eben, die Regenwolke. Später erkannte man aber, dass es «die» Nimbus nicht gibt, sondern nur Wolkenvarianten mit hoher Niederschlagswahrscheinlichkeit. Eine davon, die wichtigste, hat man Nimbostratus getauft: Regenschichtwolke.

Zumeist bildet sich diese Schicht nach andauernden Aufgleitprozessen (S. 106) aus absinkenden, größer werdenden Altostratus. Arten oder Unterarten hat die Nimbostratus

nicht. Doch sollte man sie nicht simpler machen, als sie ist. Schneien kann sie nämlich auch. Im Gegensatz zum heftigen Schauer einer gewittrigen Cumulonimbus produziert sie gerne jene Sorte Dauerniederschlag, die man im Volksmund und Wetterfachdeutsch «Landregen» nennt. Wahrscheinlich soll damit angezeigt werden, dass er jedwede Landpartie deutlich beeinflussen wird. Mit gleicher Entschiedenheit kann diese Wolke natürlich im Winter für Schneemann-Material sorgen.

Da sie fast immer mit Niederschlag einhergeht, tritt sie meist in der Sonderform praecipitatio auf. Für zunehmend trockenheitsgeschwächte Felder, Wälder und Wiesen ist das ein enormer Segen – und ebenso für unseren Illustrator. Denn was ein Foto nur mühsam kann, leistet sein Bild spielend: Synchron zur Bewölkung zeigt es die Regentropfen in voller Schönheit. Sie gehören zu dieser Wolke wie Fett zu Pommes.

Apropos Fastfood: Regentropfen, die ja aus großer Höhe fallen, sehen wirklich so gar nicht wie Tränen aus, wenn sie bei uns ankommen. Sie sind keineswegs oben hübsch dünn und unten traurig dick, wie es das Symbol auf Wetterkarten zumeist suggeriert. Während die Tropfen auf unsere Gesichter zurasen, ähneln mittelgroße Exemplare eher dem Oberteil eines Hamburger-Brötchens.

MEINE BEOBACHTUNGEN

Welche Wolke genau (Gattung, Art, Unterart, Sonderform)

Ort

Datum

Uhrzeit

Wetterlage

Notizen / Wetterstimmung

Cumulonimbus

Charakter

Wolkenkönig, Wolken-Schwergewicht. Kann höher als der Mount Everest werden, birgt die Energie mehrerer Atombomben, macht Kindern mit Donner Angst und zwingt Piloten zu Routenänderungen. Wolkengott!

Cumulus heißt Haufen, Nimbus bedeutet Regenwolke. Aber ein Titel wie aufgehäufte oder auch aufgetürmte Regenwolke würde diesem von 600 Metern über der Erde bis zu mehr als 13 Höhenkilometer hinaufragenden Riesen unrecht tun. Das schlichte «Gewitterwolke» passt besser. Noch der schärfste Wolkenverächter wird sich für dieses Gebilde interessieren, das Regen und Hagel, Blitz und Donner in petto hat. Schon Aristoteles, Plinius, Descartes und viele andere haben über diese Phänomene grübeln müssen. Wie kommt das Feuer in die Luft, wieso schießt es aus den kalten feuchten Wolken? Aristoteles sah es so: Wolken prallen in der Luft zusammen, was den Donner verursacht. Und dann wird der dabei ausgepresste Wind entzündet und brennt in einem dünnen Feuer, dem sogenannten Blitz. Es fällt, glaubte hingegen Plinius, Feuer aus den Sternen in die Wolke und entlädt sich

dann im Blitzschlag. Descartes meinte: Fallende Wolken entzünden entflammbare Dämpfe in der Luft zum Blitz.

Das klingt alles großartig, ist aber falsch. Heute spricht man von einem Funkenüberschlag, der zwischen gegensätzlich elektrisch geladenen Wolken oder einer Wolke und der Erde stattfindet. Die Luft im sogenannten Blitzkanal wird dabei etwa 30 000 Grad heiß, und diese Hitze erzeugt auch den nachfolgenden Donner. Die heute gültige Erklärung kann man detaillierter auf der Website des Deutschen Wetterdienstes nachlesen. Dennoch, das wolkige Tohuwabohu erscheint immer wieder auch als Wutausbruchssymptom eines höheren Wesens. So wird etwa in Jeremias Gotthelfs Novelle *Die schwarze Spinne* 1842 ein stürmisches Gewitter als Sinnbild des Kampfes von Himmel und Hölle, Gut und Böse beschrieben: «Aus allen Schlünden und Gründen stürmte es heran, stürmte von allen Seiten ... und jede Wolke ward zum Kriegsheer und eine Wolke stürmte an die andere, eine Wolke wollte der andern Leben, und eine Wolkenschlacht begann und das Gewitter stund, und Blitz auf Blitz ward entbunden, und Blitz auf Blitz schlug zur Erde nieder, als ob sie sich einen Durchgang bahnen wollten durch der Erde Mitte auf der Erde andere Seite.»

Wolkenschlacht, das Wort trifft es gut! Doch klingt die Schilderung fast harmlos, vergleicht man sie mit dem Bericht des amerikanischen Armeepiloten William Rankin, eines amerikanischen Armeepiloten, der den freien Fall durch so ein Gewitter überlebt hat ... (Achtung, Cliffhanger!)

Cumulonimbus incus

William Rankins Flugzeug gibt 1959 in 14 Kilometern Höhe und mitten über der Cumulonimbuswolke den Geist auf. Der geschockte Pilot, ausgestattet mit einem Fallschirm, betätigt den Schleudersitz. Sofort ist sein Körper unfassbarem Druck und 50 Minusgraden ausgesetzt, er wird von Hagel gepeitscht, während ihn der Sturmwind wie ein Staubkorn herumschleudert. Zu allem Unglück öffnet sich der Fallschirm nicht. «Die Natur war wahnsinnig geworden», berichtet Rankin, der dieses Abenteuer wie durch ein Wunder und mit verspätet doch noch geöffnetem Fallschirm übersteht. Himmel und Wolken erscheinen dem erfahrenen Piloten plötzlich wie «ein hässlicher schwarzer Käfig voll schreiender, gewalttätiger, fanatischer Irrer ... Sie schlugen mich mit großen, flachen Stöcken, brüllten mich an, schrien, versuchten, mich zu zerquetschen oder mit ihren Händen zu zerreißen ... Ich *hörte* den Donner nicht. Ich *spürte* ihn.»

Die Cumulus ist die Bilderbuchwolke, die Stratus das Anti-Bild-Wesen – und die Cumulonimbus ist das personifizierte Drama. Deshalb verdient sie hier ein Doppelkapitel und einen Cliffhanger. Auf Erden wie in der Luft hat sie schon viele das Leben gekostet. Rankin gilt als einziger Mensch, der den Sturz durch diese Urgewalt überlebt hat.

Wir, die wir das nicht haben mitmachen müssen, können uns der Wolke mit nüchternerem Blick nähern. Sie entwickelt sich aus Cumulus congestus (S. 83), also mit starken thermischen Aufwärtsbewegungen. Nicht immer wächst sie dabei gleich 13 Kilometer in die Höhe, sie muss jedoch, soll sie Niederschlag erzeugen, sowohl aus unterkühlten Wassertropfen als auch aus Eiskristallen bestehen. Steht man unter ihr, könnte man sie anfangs (falls es nicht gleich sintflutartig regnet) mit einer Nimbostratus verwechseln, denn von unten betrachtet, ähnelt sie zumeist einer simplen Wolkendecke. Die spektakulären Formen in der Höhe nimmt man, nur aus der Entfernung wahr, so etwa die Capillatus, die «Haarige», bei der der Wolkenkopf cirrusartig ausfranst. Und auch die kahle glatte Oberseite der gängigen, häufig auftretenden Calvus, die auf der Seite 141 (und auf dem Umschlag dieses Buches) abgebildet ist, sieht man nie, wenn man direkt unter ihr steht. Für den Amboss (Incus) der Gewitterwolke, der hier abgebildet ist, würde es sich sogar lohnen, eine kleine Reise zu einem Aussichtspunkt zu unternehmen, denn er ist einfach spektakulär. Zudem leistet er etwas Grandioses, er macht das Unsichtbare sichtbar: nämlich die warme Luftschicht, die sich über das thermische Quellen der Wolke schiebt und dem Höhenwachstum Einhalt gebietet. Da kann es dann nur noch zur Seite quellen. So entsteht die platte Oberkante, die sie wie einen Amboss aussehen lässt.

MEINE BEOBACHTUNGEN

Welche Wolke genau (Gattung, Art, Unterart, Sonderform)

Ort

Datum

Uhrzeit

Wetterlage

Notizen / Wetterstimmung

Kondensstreifen

Kondensstreifen entstehen, wenn in Flugzeugabgasen enthaltener Wasserdampf kondensiert. Genau wie ihre natürlichen Cirrus-Geschwister bestehen die Streifen aus langsam absinkenden Eiskristallen und können ebenfalls Wetterentwicklungen anzeigen. Bleiben sie stundenlang am Himmel, breiten sie sich womöglich sogar aus? Das weist auf die Zufuhr feuchter Luft und somit auf eine wahrscheinliche Wetterverschlechterung hin.

Wenn sich die Kondensstreifen ausbreiten, können neue Wolken entstehen, die von natürlichen nicht mehr so leicht zu unterscheiden sind wie die unnatürlich schnurgeraden Streifen. Meyers Lexikon der Meteorologie verzeichnet dieses Phänomen spätestens seit den 1980ern. Damals ist das jedoch nur eine Erwähnung wert. Seitdem hat der Flugverkehr durch die Billigflieger noch einmal sehr zugenommen – und man hat auch mehr über Kondensstreifen gelernt. Seit nach den Anschlägen vom 11. September 2001 in den USA tagelang ein Flugverbot herrschte und daher kaum Abgase in der Luft kondensierten, hat man den Effekt, den die Flugzeugspuren auf das Klima haben, erstmals besser untersuchen können. Zuerst, bei ihrer Entstehung, sind die Streifen noch dicht, blocken Sonnenstrahlung und wirken kühlend. Doch wenn sie länger am Himmel bleiben, ihn wie ein feiner Schleier bedecken, sorgen sie vor allem nachts dafür, dass die von der Erde

abgestrahlte Wärme nicht entweicht – so kann die Temperatur ansteigen. Grundsätzlich geht man also davon aus, dass vermehrte Kondensstreifen eine zusätzliche Erwärmung des Klimas bewirken. Die Flugzeuge stoßen demnach nicht nur CO_2 aus und zeichnen dabei nebenbei Pseudo-Cirren an den Himmel. Nein, diese Cirren haben über das Visuelle hinaus einen Einfluss auf das Klima.

«Natur hat weder Kern noch Schale, alles ist sie mit einem Male», so dichtet Goethe, der sich wie kein zweiter Schriftsteller auf die Suche nach unbändigen Naturkräften gemacht hat. Im industriellen Zeitalter, auch Anthropozän genannt, sollte man jedoch ergänzend dazusagen, dass in die ununterscheidbaren Kerne und Schalen der Natur deutlich menschlicher Einfluss eingedrungen ist. Der Mensch ist so stark präsent, dass sein Wirken überall sichtbar wird, auch am Himmel. Genau das meint der Begriff Anthropozän. So hat die Neuauflage des Internationalen Wolkenatlas von 2017, immer noch weiter an der Einheitlichkeit der Begriffe feilend, nicht nur folgende Neuheiten eingeführt: Cataractagenitus – Wolken über Wasserfällen; Flammagenitus – Wolken, die aus Waldbränden oder bei Vulkanausbrüchen entstehen; Silvagenitus – über feuchten Wäldern gebildete Wolken. Zudem sind jetzt auch die Kondensstreifen der Flugzeuge sowie Kühlturm- und Schornsteinwolken explizit benennbar. Kondensstreifen heißen seitdem offiziell Cirrus homogenitus – das hübsche Cirrus aviaticus darf man vielleicht für poetische Sommerabende dennoch weiterverwenden. Was nun aus diesen und anderen menschlichen Cirren entsteht, nennt man Homomutatus. So können aus Kondensstreifen beispielsweise Castellanus-Zinnen herauswachsen, die dann Cirrus castellanus homomutatus heißen …

So wichtig hat die erste Ausgabe des Wolken-Atlanten von 1890 den Menschen noch nicht nehmen müssen. Auf einer der Illustrationen zeigt der Atlas ein Schiff – natürlich einen schönen Dreimaster mit Segeln und nicht ein modernes Dampfschiff, das damals schon den Atlantik bis nach Amerika überqueren hat können und dessen Schlotwolke ein früher Klimakiller-Vorbote ist. Dass man das um 1900 noch nicht berücksichtigt hat, ist verständlich, aber auch schade. Denn wie hätte man diese Schlotwolke von Dampfschiffen und Lokomotiven wohl genannt? Carbogenitus, von der Kohle herstammend?

Kühlturm- und Schornsteinwolken

Auch Kühlturm- und Schornsteinwolken sind natürlich homogenitus, also menschengemacht. Beispielsweise kann der Dampf aus dem Schornstein eines Kohlekraftwerks, so hält es der neue Wolkenatlas fest, zu einer Cumulus mediocris wachsen, die dann eben mit dem Zusatz homogenitus versehen wird. Ähnlich wie die Natur-Cumulus entsteht sie durch Konvektion. Der warme Dampf treibt nach oben, kühlt ab, kondensiert – und wird als Wolke sichtbar. Im Win-

terhalbjahr sieht man das in unseren Breiten besser, da kühle feuchte Luft der Konvektion förderlich ist.

Und man kann den schlotigen Menschenwolken noch mehr Informationen über das lokale Klima entnehmen. Zieht der Dampf in einer horizontalen Fahne ab und steigt kaum nach oben, darf man davon ausgehen, dass eine Inversion vorliegt, bei der ja eine Warmluftschicht in der Höhe vertikale Konvektion unterbindet und den warmen Dampf deckelt. Liegt keine Inversion vor, ist keine hohe Warmluft vorhanden und die Temperatur nimmt mit steigender Höhe ab. In diesem Fall wächst die Abgasdampf-Fahne besser vertikal nach oben, sie macht dabei eine schlängelnde Bewegung, und das nennt man «Looping-Wolke».

Atompilz-Wolke

Die schrecklichste und zugleich beeindruckendste Menschenwolke überhaupt ist die, die sich über einer explodierenden Atombombe bildet. Im Englischen spricht man von «mushroom cloud», das könnte man eigentlich übernehmen und Atompilz-Wolke sagen. Schließlich haben das aufschießende Wachstum und natürlich auch das Aussehen deutlich pilzartigen Charakter. Jedoch bildet sich der Atompilz ja ähnlich wie eine Wolke, er hebt sich durch Konvektion über die Explosion, ist weniger Pilz als eine Cumulus des Schreckens.

Bei dem bislang stärksten thermonuklearen Waffentest der USA, 1954 auf dem Bikini-Atoll im Pazifik durchgeführt und Castle Bravo genannt, stieg die Pilzwolke bereits eine Minute nach der Explosion auf 15 Kilometer, nach sechs Minuten war sie auf 40 Höhenkilometern und hatte einen Durchmesser von 100 Kilometern. Spektakulär sind die Fotos, die davon kursieren. Leider hat die Explosion gut 18 000 Quadratkilometer Ozean verseucht, vor allem auch die Inseln und ihre Bewohner ringsum. Die Castle-Bravo-Bombe, so schätzt man, ist gut tausendmal stärker gewesen als die über Hiroshima und Nagasaki abgeworfenen Ungetüme.

Über den Wolken – Flugzeuge und Satelliten

Luke Howard, der hier schon häufiger erwähnte erste richtige Wolkenforscher, kannte einen Himmel vollkommen ohne Kondensstreifen oder andere luftfahrtbedingte Verschmutzungen. Das heißt aber auch, dass Howard nie in den Genuss hat kommen können, aus dem Flugzeug zu schauen, wenn es durch eine tiefe Wolkenschicht sausend zu den mittleren Höhen gelangt und schließlich in Richtung der hohen Cirrus hinaufschießt. Heute kann das jeder tun, sogar für beschämend wenig Geld. Und obwohl es aus ökologischen Gründen sinnvoll ist, soweit möglich auf Bahnreisen umzusteigen: Wenn man denn nun einmal fliegt, sollte man nicht

vergessen, aus dem Fenster zu schauen. Nirgends sonst erlebt man die Schichtung der Himmelsstockwerke und die Beschaffenheit der Wolken so wie hier. Schließlich gelangt man in wenigen Stunden oder gar Minuten von einer Wetterzone in eine andere, ganz unterschiedliche. Auf einem transalpinen Flug von Bologna nach Berlin kann man, wenn es gut läuft, Wolken im Inland beobachten, an der Küste, an den Bergen der Alpen und schließlich am norddeutschen flachlandigen Zielflughafen.

Bis vor wenigen Jahrzehnten hat man auch von einer anderen Beobachtungsmöglichkeit nur träumen können, die für uns heute vollkommen selbstverständlich ist. Wir können sie uns sogar per Wetter-App aufs Handy holen – die Satellitenaufnahme aus dem Weltall.

Das Satellitenbild zeigt Wolken ganz anders, als man es vorher gewohnt gewesen ist, nämlich von oben. Das beginnt schon um 1960 mit den ersten meteorologischen Raumgefährten. Heute können die noch weitaus mehr, sie nehmen die unterschiedlichsten meteorologischen Vorkommnisse auf. Die Satelliten von Eumesat beispielsweise, 36 000 Höhenkilometer über der Erde mit der Rotation des Planeten mitlaufend, senden alle fünf Minuten Bilder, die dann mit anderen zusammengeführt und animiert den Wetterfilm ergeben. Aber was genau wird da abgebildet? Das reicht von der einfachen visuellen Aufnahme der Wolkenschichten und ihrer Höhe über wärmetechnische Luftfeuchtigkeitsmessungen – die Menge des Wasserdampfes in der freien Atmosphäre – bis hin zu

infrarotbasierten Bildern, die die Oberflächentemperatur der Wolken zeigen. Letzteres ist sehr aufschlussreich, denn je tiefer die Temperatur, desto höher und mächtiger ist die Wolke oft gewachsen. Und die Chancen erhöhen sich, dass man vor allem den Flugverkehr vor ihr warnen sollte: Es könnte sich um eine fiese Cumulonimbus handeln.

Als die bemannte Weltraumfahrt in den 1960ern beginnt, kann man die Erde erstmals aus dem All betrachten. Der Fotograf Bill Anders bringt von seiner Apollo-8-Reise 1968 ein Foto mit, das er «Earthrise» nennt, Erdaufgang. Natürlich, vom Mond aus betrachtet geht die Erde auf! Der im dunklen All blau schimmernde Planet sieht auf Anders' Fotografie ganz ähnlich aus wie auf unserer Illustration, zumindest denkt man das, da der Blick von außen so normal geworden ist – spätestens mit der von der Apollo 17 aus fotografierten, «Blue Marble» genannten Aufnahme aus dem Jahre 1972. Schaut man sich die Erde aus dieser Perspektive an, erkennt man augenblicklich ihre Schönheit. Doch man nimmt auch wahr, wie sehr sie bereits im Anthropozän steckt, unter die Herrschaft des sie umkreisenden, durchbohrenden und verschmutzenden Menschen geraten ist. Denn selbst der Weltraum degeneriert ja schon zum Schrottplatz, die ausrangierten Satelliten fliegen leider nicht unbedingt zu ihren Schöpfern zurück.

Muss das so weitergehen? Werden wir an Müll ersticken, am Klimawandel verrecken, von Reaktorunfällen oder Atomkriegen ausgerottet werden und den blauen Planeten für die meisten Lebewesen unbewohnbar machen? Hier ein paar kleine Informationen für alle, die auf eine Flucht zu fremden Welten hoffen: Die Venus ist ständig bewölkt, wird von einer ewigen Wolkenschicht bedeckt – ganz zu schweigen von den mehr als 400 Grad Celsius, die dort herrschen. Auf dem Mars gibt es, wie gesagt, fast nur Cirren und zudem geheimnisvolle Wolken, deren Ursprung man nicht kennt. Der Merkur ist wind- und wolkenlos, es gibt keinen Regen, keine Atmosphäre. Und so harsch geht es im Weltraum munter weiter ...

Man sollte sich also freuen, wenn man das nächste Mal gemütliche Cumulus am Himmel quellen sieht, hohe Cirruswolken fabelhafte Muster ans Firmament zeichnen, wenn die Stratus zum Drinnenbleiben und Filmschauen animiert, dicke Nimbostratusschichten Regen bringen. Dann weiß man nämlich, dass die Erde noch nicht völlig zerstört ist. Heute dürfte allen klar sein, dass lange genug an ihrer Beherrschung gearbeitet wurde. Die nächsten Jahrhunderte müssen dringend in die Erhaltung investiert werden. Und ein erster Schritt ist, dass man wieder genauer hinschaut, die Wunder der Natur am Himmel und unter ihm von neuem erkennt.

MEINE BEOBACHTUNGEN

Welche Wolke genau (Gattung, Art, Unterart, Sonderform)

Ort

Datum

Uhrzeit

Wetterlage

Notizen / Wetterstimmung

MEINE BEOBACHTUNGEN

Welche Wolke genau (Gattung, Art, Unterart, Sonderform)

Ort

Datum

Uhrzeit

Wetterlage

Notizen / *Wetterstimmung*

MEINE BEOBACHTUNGEN

Welche Wolke genau (Gattung, Art, Unterart, Sonderform)

Ort

Datum

Uhrzeit

Wetterlage

Notizen / *Wetterstimmung*

Literaturhinweise

Falls es in diesem Buch Unrichtigkeiten geben sollte, gehen sie zu meinen Lasten. Was ich aber über Wetter und Wolken gelernt habe, verdanke ich auch den hier angeführten Büchern, vor allem denen von Gavin Pretor-Pinney, Richard Hambley und Hans Häckel, ebenso dem leider nur auf Englisch, dafür jedoch online frei zugänglichen Internationalen Wolkenatlas. Für weitere Hilfestellungen danke ich: Christian Ganzenberg, Marcus Gärtner, Nils Güttler, Florian Illies, Christoph Müller.

Grundsätzliches zu Wolken und Wetter

Richard Hamblyn, *Welche Wolke ist das? Wetter, Wolke und Himmelsphänomene beobachten und erkennen.* Stuttgart 2009.
Dieses Buch erklärt Wolken anhand komplexer Himmelsbilder und mit wunderschönen großen Abbildungen, macht schöne Ausflüge in die Geschichte und denkt über Klimawandel nach. Passt allerdings der Größe wegen nicht so gut in die Westentasche.

Hans Häckel, *Wolken.* Stuttgart 2018.
Das wahrscheinlich beste, ausführlichste und schlaueste Wolkenbestimmungsbuch in deutscher Sprache! 180 Farbfotos machen die Bestimmung der Wolken so einfach und präzise wie nur irgend möglich.

Gavin Pretor-Pinney, *Wolkengucken.* München 2006.
Viele Geschichten und Informationen, die es zu den zehn

Wolkengattungen gibt, hat der Gründer der Cloud Appreciation Society hier zusammengetragen und spannend erzählt. Wem das zu ausführlich ist (und wer das Englische genügend beherrscht), kann auch Pretor-Pinneys handlicheres *The Cloud Collector's Handbook* von 2011 lesen.

International Cloud Atlas,
siehe https://cloudatlas.wmo.int/home.html.
Dieser Atlas der World Meteorological Organization (WMO) ist bis heute der Referenzpunkt für alles, was mit Wolken zusammenhängt. Wer nicht so gut Englisch spricht: Die Wolkennamen sind durchgehend in Latein angegeben, und man kann sich die zugehörigen Fotos auch einfach nur anschauen, ohne die Beschreibungen zu lesen.

CAS, Cloud Appreciation Society,
https://cloudappreciationsociety.org.
Bilder anschauen, Wolken vergleichen, das ist der Hauptzweck der Website der Cloud Appreciation Society. Einfach eintauchen. Oder anmelden, ein paar Euro zahlen und mitmachen!

***Wolken: Gedanken des Himmels.* Gedichte, Prosa und farbige Bilder, ausgewählt von Charitas Jenny-Ebeling. Frankfurt/Main und Leipzig 1997.**
Hier findet man keine Physik und keine explizite Meteorologie, dafür jedoch ziemlich jeden Gedanken und jede Idee, die man selbst zu Wolken schon hatte, nur vermutlich besser formuliert, unter anderem von Cervantes, Wilhelm von Humboldt, Rainer Maria Rilke, Søren Kierkegaard, Walter Benjamin, Sarah Kirsch, Nelly Sachs. Und, und, und!

Jörg Kachelmann, Siegfried Schöpfer, *Wie wird das Wetter? Eine leicht verständliche Einführung für jedermann.* Reinbek bei Hamburg, 2004.
Etwas älter, aber immer noch ziemlich up to date und sehr gut zu lesen.

Ein paar ältere Texte zu Wolken:

Aristoteles, *Meteorologie/Über die Welt.* Übersetzt von Hans Strohm. Berlin (Ost) 1984.
Einfach mal reinlesen, Aristoteles lohnt sich ja immer.

Luke Howard, *On the Modifications of Clouds.*
Dieser 1802 vor einem begeisterten Publikum gehaltenen Vortrag, der den Wolken erstmals Namen gab, findet sich beispielsweise hier: https://babel.hathitrust.org/cgi/pt?id=uc1.c054391787&view=1up&seq=4

Howard und Goethe:
http://bib.gfz-potsdam.de/pub/schule/goethe/startgoe1.htm
Diese nicht sehr hübsche, dafür kluge und frei zugängliche Website bietet in Wort und Bild einen Vergleich von Howards Wolkentheorie mit der Goethes.

Kulturhistorisch genial und ein bisschen anspruchsvoll:

Richard Hamblyn, *Die Erfindung der Wolken: Wie ein unbekannter Meteorologe die Sprache des Himmels erforschte.* Frankfurt/Main und Leipzig 2001.
Viel mehr als nur eine lebendig geschriebene Rekapitulation

von Luke Howards historischer Wolken-Bestimmung ist dies ein anekdotenreicher Einblick in die Geschichte der Wetterforschung.

Rainer Guldin, *Die Sprache des Himmels: Eine Geschichte der Wolken*. Berlin 2006.
Von einer Poetologie des Wolkigen, also einer Untersuchung des Wortes «Wolke» bis hin zu computergenerierten Clouds bietet dieses Buch einen wunderbaren Rundgang durch die Geschichte.

Ausstellungskataloge mit vielen Abbildungen:

Heinz Spielmann, Ortrud Westheider (Hrsg.): *Wolkenbilder: Die Entdeckung des Himmels*. München 2004.
Schöne Darstellung von Wolkenbildern von der Renaissance bis ins 19. Jahrhundert, mit starkem Fokus auf die Zeit um 1800.

Stephan Kunz, Johannes Stückelberger, Beat Wismer (Hrsg.): *Wolkenbilder: Die Erfindung des Himmels*. München 2005.
Eine gute Ergänzung von *Die Entdeckung des Himmels*, weil hier der Fokus auf moderner und zeitgenössischer Kunst liegt.

Tobias G. Natter, Franz Smola (Hrsg.): *Wolken: Welt des Flüchtigen*. Ostfildern 2013.
Dick, prächtig, informativ.

Zitatnachweise

S. 7 Aristoteles, *Meteorologie/Über die Welt*. Übersetzt von Hans Strohm. Berlin 1984

S. 8 Hildegard von Bingen, *Briefwechsel*. Freiburg 1997

S. 9 Heinrich Hoffmann, *Der Struwwelpeter*. Berlin 1994

S. 11 Goethe, *Die Leiden des jungen Werthers/Briefe aus der Schweiz*. Köln 1999

S. 13 Aristoteles, *Meteorologie/Über die Welt*. Übersetzt von Hans Strohm. Berlin 1984

S. 14 Plinius, *Naturgeschichte*. Übersetzt von Georg Christoph Wittstein. Leipzig 1881

S. 15 *Hanumat* [sic] *fliegt über den Ozean*, zit. nach: Peter Supf, *Das hohe Lied vom Flug*. Berlin u. a. 1928

S. 16 Elegien von Chu, zit. nach: Stefan Kunz u. a. (Hrsg.), *Wolkenbilder: Die Erfindung des Himmels*. München 2005

S. 17 Temptations 1969, Text: Norman Whitfield, Barrett Strong

S. 17 Zit. nach: *Wolken: Gedanken des Himmels*. Ausgewählt von Charitas Jenny-Ebeling. Frankfurt/Main u. a. 1997

S. 18 f. René Descartes, *Die Meteore*. Übersetzt von Claus Zittel. Frankfurt/Main 2006

S. 24 Zitiert aus Vince Gilligans Film *El Camino*, 2019

S. 26 Zit. nach: *Wolken: Gedanken des Himmels*. Frankfurt/Main u. a. 1997

S. 27 f. Zit. nach: Richard Hamblyn, *Die Erfindung des Himmels*. Frankfurt/Main u. a. 2001

S. 29 William Wordsworth, *Narzissen*, in: William Wordsworth und S. M. Coleridge. Übersetzt von Wolfgang Breitwieser. Heidelberg 1959

S. 29 f. Friedrich Hölderlin, *Des Morgens/Abendphantasie*, in: *Sämtliche Gedichte*. Frankfurt/Main 2005

S. 31 Zit. nach: Johannes Stückelberger, *Wolkenbilder*. München 2010

S. 32 Zit. nach Werner Busch, in: Sabine Schulze u. a. (Hrsg.), *Goethe und die Kunst*. Berlin u. a. 1994

S. 32 Carl Gustav Carus, *Briefe über Landschaftsmalerei*. Heidelberg 1972

S. 33 Zit. nach: *Wolken: Gedanken des Himmels*. Frankfurt/Main u. a. 1997

S. 33 Nach Rainer Maria Rilke, siehe den Eintrag im Deutschen Wörterbuch von Jacob Grimm und Wilhelm Grimm (online)

S. 34 Ovid, *Metamorphosen*. Übersetzt von Reinhart Suchier. München 1959

S. 34 Zitiert aus: *Wolken: Gedanken des Himmels*. Frankfurt/Main u. a. 1997

S. 34 f. Zit. nach: *Wolken: Gedanken des Himmels*. Frankfurt/Main u. a. 1997

S. 35 Robert Musil an Alice Donath, in: Robert Musil. *Briefe 1901–1941*. Reinbek bei Hamburg 1981

S. 36 Zit. nach: Richard Hamblyn, *Welche Wolke ist das?* Übersetzt von Bernd Eisert. Stuttgart 2009

S. 36 Zit. nach: Gavin Pretor-Pinney, *Wolkengucken*. Übersetzt von Martin Bauer. München 2006

S. 36 Zit. nach: Anouchka Vasak, *Cumulus, cirrus, stratus*. In: *Géographie et cultures*, Nr. 85, 2013

S. 36 Die Bibel (Einheitsübersetzung). Freiburg 1999

S. 38 Zit. nach: *Wolken: Gedanken des Himmels*. Frankfurt/Main u. a. 1997

S. 38 Zit. nach: Jean Paul, *Werke*. Herausgegeben von Norbert Miller u. a., Band 3. München 1959–1963
S. 39 Theodor Fontane, *Nah und fern*, in: *Gedichte*. Berlin 1851
S. 40 Jeremias Gotthelf, *Die schwarze Spinne*. Stuttgart 1986
S. 41 Zit. nach: *Das Deutsche Wörterbuch* von Jacob Grimm und Wilhelm Grimm (online)
S. 41 Zit. nach: *Das hohe Lied vom Flug*. Berlin u. a.1928
S. 41 Zit. nach: *Wolken: Gedanken des Himmels*. Frankfurt/Main u. a. 1997
S. 42 Wilhelm Raabe, *Zum wilden Mann*. Leipzig 1885
S. 45 Theodor Fontane, *Aufsätze zur Literatur*. München 1963
S. 45 Elmore Leonard, *Writers on Writing*, in: *New York Times*, 16. Juli 2001 [*Anmerkung S. E.: meine Übersetzung*]
S. 47 Bertolt Brecht, *Die Liebenden*, in: *Gedichte über die Liebe*. Frankfurt/Main 2007
S. 56 Zit. nach: Lorraine Daston, Cloud Physiognomy: *Describing the Indescribable*. Representations, Nr. 135, Sommer 2016
S. 60 Roland Barthes, *Fragmente einer Sprache der Liebe*. Übersetzt von Hans-Horst Henschen. Frankfurt/Main 1988
S. 62 Yves Bonnefoy, *Die rote Wolke: Essays zur Poetik*. München 1998
S. 62 Zit. nach: *Wolken: Gedanken des Himmels*. Frankfurt/Main u. a. 1997
S. 63 Georg Heym, *Träumerei in Hellblau*, in: Das lyrische Werk: *Sämtliche Gedichte* 1910–1912. München 1977
S. 63 Zit. nach: *Wolken: Gedanken des Himmels*. Frankfurt/Main u. a. 1997
S. 65 Georg August Weltz, *Die Sprache der Wolken*. In: *Atlantis*, Heft 8, August 1930
S. 66 Peter Supf, *Der Erschrockene*, in: *Supf*. Berlin 1928

S. 68 Zit. nach Spiegel Online, 4. August 2008
S. 70 Zit. nach der Sendung *«Eine lange Nacht über Wolken»* vom 15. April 2017, Deutschlandfunk, online
S. 72 Christa Wolf, *Störfall. Nachrichten eines Tages.* Frankfurt/Main 1987
S. 73 Meyers Kleines Lexikon: *Meteorologie.* Mannheim u. a. 1987
S. 82 Zit. nach: *Wolken: Gedanken des Himmels.* Frankfurt/Main u. a. 1997
S. 83 Zit. nach: *Wolken: Gedanken des Himmels.* Frankfurt/Main u. a. 1997
S. 92 Zit. nach: Hamblyn. 2001
S. 96 *Internationaler Wolken-Atlas.* Paris 1910
S. 101 Jean-Baptiste de Lamarck, zit. nach: Hamblyn. 2001
S. 102 Aristoteles, *Meteorologie/Über die Welt.* Übersetzt von Hans Strohm. Berlin 1984
S. 102 Caspar David Friedrich, *Bekenntnisse.* Bremen 2010
S. 102 Edmund Burke, *A Philosophical Enquiry into the Origins of Our ...*, zit. nach: Heinz Spielmann, Ortrud Westheider (Hrsg.): *Wolkenbilder: Die Entdeckung des Himmels.* München 2004
S. 105 *Meyers Kleines Lexikon: Meteorologie.* Mannheim u. a. 1987
S. 107 Hans Häckel, *Wolken.* Stuttgart 2018
S. 107 Andreas Gryphius, zit. nach dem Eintrag zu «Wolkenzinne», *Deutsches Wörterbuch* von Jacob Grimm und Wilhelm Grimm (online)
S. 113 Richard Hamblyn, *Die Erfindung des Himmels.* Frankfurt/Main u. a. 2001
S. 114 Paul Celan, Corona, aus: *Mohn und Gedächtnis.* Stuttgart 1952
S. 119 Luke Howard, Modifications, zit. nach: Pretor-Pinney. 2006
S. 126 *Erster Internationaler Wolkenatlas.* Hamburg 1890

S. 130 Zit. nach: Karsten Brandt, *Stimmen Bauernregeln wirklich?* München 2019
S. 132 Fritz Möller, zit. nach: Hans Häckel, *Wolken*. Stuttgart 2018
S. 142 Jeremias Gotthelf, *Die schwarze Spinne*. Stuttgart 1986
S. 143 William Rankin, zit. nach: Pretor-Pinney. 2006
S. 149 Goethe, *Allerdings (Dem Physiker)*, in: *Gedichte*. Zürich 1949
S. 153 Hans Häckel, *Wolken*. Stuttgart 2018

Bildnachweise

S. 25 Luke Howard, Wolken-Graphik aus dessen *Modifications* (1803)
S. 31 Caspar David Friedrich, *Abendlicher Wolkenhimmel* (1824), Belvedere, Wien
S. 35 Antonio da Correggio, *Jupiter und Io* (1532/33), Kunsthistorisches Museum, Wien
S. 42 Piero di Cosimo, *Bildnis Simonetta Vespucci* (um 1480), Musée Condé, Chantilly bei Paris
S. 48 Hieronymus Bosch, *Der Heuwagen* (1490), Wolken-Detail aus dem Mittelschiff des inneren Altarteils, Prado, Madrid
S. 49 Masaccio, *Vertreibung aus dem Paradies* (1427), Fresko-Detail, Brancacci-Kapelle, Florenz
S. 50 Lorenzo Lotto, *Trinität* (um 1523), Museum Bernareggi in Bergamo
S. 51 Piero della Francesca, *Auferstehungs-Fresko* (1463), Museo Civico Sansepolcro, Sansepolcro
S. 52 Albrecht Altdorfer, *Alexanderschlacht* (1579), Alte Pinakothek, München

S. 54 Adolph von Menzel, *Ansprache Friedrichs des Großen an seine Generale vor der Schlacht bei Leuthen* (begonnen 1859), Alte Nationalgalerie, Berlin

S. 56 Giotto, Fresken rund um Franziskus von Assisi (um 1300), Basilica St. Francesco, Assisi

S. 58 Jan Vermeer, *Ansicht von Delft* (um 1660), Mauritshuis, Den Haag

S. 59 William Turner, *Die letzte Fahrt der Temeraire* (1839), National Gallery, London

S. 61 Piet Mondrian, *Die rote Wolke* (um 1907), Gemeentemuseum, Den Haag

S. 71 Wolfgang Tillmans, *Lux* (2009), Galerie Daniel Buchholz, Berlin

Der Autor

Simon Elson, geboren 1980, Studium der Kunstgeschichte und Literaturwissenschaft, lebt als freier Autor in Berlin. Seit er 2016 in München und Berlin zwei Ausstellungen mit Wolken-Kunst vom 19. Jahrhundert bis zur Gegenwart kuratiert hat – von C. F. Søerensen über Friedrich Loos bis zu Wolfgang Tillmans –, lassen ihn die Himmelsgebilde nicht mehr los.

Der Illustrator

Stefan Vecsey, geboren 1984, lebt und arbeitet nach einem Studium der Illustration als Graphiker in Hamburg. Das Interesse für eigenartige Menschen und spannende Orte prägen seit jeher seine Leidenschaft fürs Zeichnen.
Vecsey.ch

Aus Verantwortung für die Umwelt haben sich die Rowohlt Verlage zu einer nachhaltigen Buchproduktion verpflichtet. Der bewusste Umgang mit unseren Ressourcen, der Schutz unseres Klimas und der Natur gehören zu unseren obersten Unternehmenszielen. Gemeinsam mit unseren Partnern und Lieferanten setzen wir uns für eine klimaneutrale Buchproduktion ein, die den Erwerb von Klimazertifikaten zur Kompensation des CO_2-Ausstoßes einschließt.

Weitere Informationen finden Sie unter:
www.klimaneutralerverlag.de

FSC
www.fsc.org
MIX
Papier aus verantwortungsvollen Quellen
FSC® C083411